青少年 科普图书馆

世界科普巨匠经典译丛·第六辑

越玩越聪明的

数学机智游戏

[俄]伊库纳契夫 编著　刘海涛 编译

U0395547

上海科学普及出版社

图书在版编目（ＣＩＰ）数据

越玩越聪明的数学机智游戏 /（俄）伊库纳契夫编著；刘海涛编译 . —

上海：上海科学普及出版社，2015.1（2021.11 重印）

（世界科普巨匠经典译丛·第六辑）

ISBN 978-7-5427-5960-3

Ⅰ . ①越… Ⅱ . ①伊… ②刘… Ⅲ . ①数学—普及读物Ⅳ . ① O1-49

中国版本图书馆 CIP 数据核字 (2013) 第 289614 号

责任编辑：李　蕾

统　　筹：刘湘雯

世界科普巨匠经典译丛·第六辑

越玩越聪明的数学机智游戏

（俄）伊库纳契夫 编著　刘海涛 编译

上海科学普及出版社出版发行

（上海中山北路 832 号 邮编 200070）

http://www.pspsh.com

各地新华书店经销　三河市金泰源印务有限公司印刷

开本 787×1092 1/12　印张 17.5　字数 208 000

2015 年 1 月第 1 版　2021 年 11 月第 3 次印刷

ISBN 978-7-5427-5960-3　定价：39.80 元

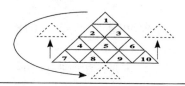

目录

CONTENTS

第一章 有趣的问题 **001**

001 苹果和篮子 001

002 一共有几只猫 001

003 裁布料 001

004 数字 666 001

005 分 数 002

006 分铁块 002

007 老人说了些什么 002

第二章 小小火柴棒 **004**

008 100 004

009 小房子 004

010 向上爬的虾 005

011 天 平 005

012 两个酒杯 005

013 神 庙 005

014 三角旗 005

015 路 灯 006

016 斧 子 006

017 台 灯 006

018 钥 匙 006

019 三个正方形 006

020 五个正方形 007

021 三个正方形 007

022 两个正方形 007

023 三个正方形 007

024 四个正方形 007

025 正方形 008

026 四个三角形 008

027 以 1 抵 15 008

第三章 想法和数法 **009**

028 用手指帮助计算 009

029 相向航行 010

030 卖苹果……………010

031 蝈蛉爬树…………010

032 自行车与苍蝇……010

033 狗和行人…………011

034 平方的简单计算法…011

035 把 2 移到前方，
数字立即翻倍

036 此数究竟是几……011

037 连续整数之和……012

038 收苹果……………012

039 时　钟……………012

040 自然数之和………012

041 奇数之和…………013

第四章　渡河与旅行　015

042 水沟与木板………015

043 士兵过河…………015

044 狼、山羊和卷心菜…016

045 3 个骑士…………016

046 4 个骑士…………016

047 3 人小船…………016

048 河中小岛…………016

049 火车 A、B………017

050 六艘汽船…………017

第五章　分配问题　018

051 不要分得太细……018

052 两个樵夫…………018

053 分麦子……………019

054 平分三份的方法…019

055 平分两份的方法…020

056 二等分……………020

057 分葡萄酒…………020

第六章　童话故事　021

058 天鹅与鹳鸟………021

059 农夫与恶魔………023

060 农夫与土豆………025

061 两个牧童…………025

062 奇怪的买卖………025

063 捡钱包……………026

064 分骆驼……………027

065 桶里的水…………027

066 分配卫兵…………028

067 粗心的主人………029

068 王子和魔法师……029

069 找蘑菇……………031

070 总共几个蛋………031

071 调时钟……………032

072 被墨水弄脏的
    数字 032

073 白吃白喝的士兵 ..033

074 车夫和客人的
    赌注 033

075 谁的妻子 034

第七章 折纸的问题 036

076 长方形的做法 036

077 正方形的做法 037

078 等腰三角形的
    做法 038

079 正三角形的做法 ..038

080 正六边形的做法 .039

081 正八边形的做法 ..040

082 特殊的证明 041

083 勾股定理 041

084 怎么分割 042

085 长方形变正方形 ..042

086 长方形地毯 042

087 两块方地毯 043

088 玫瑰图案的地毯 .043

089 把正方形分成
    20 个全等三角形 .043

090 十字形变正方形 ...043

091 一个正方形变
    三个全等正方形 044

092 一个正方形变成大小
    两个正方形 ...044

093 一个正方形变成大中
    小三个正方形 044

094 六边形变正方形 ...044

第八章 图形的魔术 045

095 消失的线 045

096 小丑转盘 046

097 奇妙的修补 047

098 另一种魔术 048

099 类似的问题 048

100 地球与柑橘 049

第九章 猜数字游戏 050

101 猜数字 050

102 还剩多少 051

103 差距是多少 052

104 商是多少 052

105 数字 1089 052

106 设定的数是多少 ..052
107 神奇的数字表 053
108 偶数的猜法 054
109 前题的进化版 054
110 一种变化 055
111 另一种变化 057
112 其他方式 058
113 猜几个数 059
114 无线索猜数 060
115 谁选了偶数 060
116 有关两数互质的
    问题 061
117 猜猜有几个数 061

第十章 | **更有趣的游戏** **063**

118 用 3 个 5 表示 1 063
119 用 3 个 5 表示 2 063
120 用 3 个 5 表示 4 ...063
121 用 3 个 5 表示 5 063
122 用 3 个 5 表示 0 ...064
123 用 5 个 3 表示 31..064
124 公交车票 064
125 谁先说出 100 064
126 扩展问题 064

127 每两支分一组 064
128 每 3 支分一组 065
129 玩具金字塔 065
130 有趣的火柴游戏 ..066

第十一章 | **骨牌游戏** **068**

131 移动了几张牌 068
132 百发百中 070
133 骨牌点数之和 070
134 骨牌的余兴游戏 ..070
135 最大得分 071
136 用 8 张骨牌做成
    正方形 072
137 用 18 张骨牌做成
    正方形 072
138 用 15 张骨牌做成
    正方形 072

第十二章 | **黑白棋** **073**

139 改变排列方式 073
140 四对棋子 073
141 五对棋子 074
142 六对棋子 074
143 七对棋子 074

144 在 5 条线上摆
    10 个棋子 074

145 有趣的排列 074

第十三章　国际象棋的问题　076

146 四位骑士 077

147 士兵与骑士 077

148 两个士兵与骑士 .. 077

149 骑士之旅 077

150 独角仙 077

151 整个棋盘上的
    独角仙 077

152 封闭路线的
    独角仙 078

153 士兵和骨牌 078

154 两个士兵和骨牌 .. 078

155 同样的两个士兵
    和骨牌 078

156 国际象棋和骨牌 .. 078

157 八个王后 078

158 有关骑士移动的
    问题 083

159 填 1 至 3 的数字 ... 087

160 填 1 至 9 的数字 ... 087

第十四章　魔方阵　087

161 填 1 至 25 的数字 ... 087

162 填 1 至 16 的数字 ... 088

163 四个字母 088

164 十六个字母 088

165 十六个军官 088

166 国际象棋比赛 089

第十五章　找路的方法　090

167 蜘蛛和苍蝇 090

168 绕桥的问题 091

169 绕 15 座桥梁
    的情形 096

170 走私者之旅 097

171 一笔画 097

172 工作岗位 100

第十六章　迷　宫　102

173 让人头晕的迷宫 ... 108

174 凉　亭 108

175 另一种迷宫 109

176 国王的迷宫 109

参考答案　111

001 苹果和篮子

有 5 人刚好平分了一只篮子里的 5 个苹果，结果篮子里还剩有 1 个苹果，怎么回事？

002 一共有几只猫

一间房间里的每个角落各蹲着 1 只猫，每只猫能看到对面的 3 只猫，每只猫的尾巴上呢又分别坐着 1 只猫，那么房间里到底有多少只猫？

003 裁布料

一块长 16m 的布料，每天裁 2m，多少天能裁到最后一块呢？

004 数字 666

不用加减乘除等任何计算，怎么才能把 666 增加至 1.5 倍呢？

005 分数

一个分数的分子比分母小，另一个分数的分子比分母大，这两个分数能相等吗？

006 分铁块

只准砍两次，如何用斧头将一块马蹄铁分成完全不同的 6 块？注意，不能叠加在一起砍。

007 老人说了些什么

有两个勇敢的年轻人比赛谁的马跑得快，但两匹马几乎是齐头并进，半天都分不出胜负，时间一长，两个人都觉得没意思了。

"不如咱们反着比吧，哪匹马跑得慢，后到达终点的赢。"其中一个年轻人格里高利说。"那好啊！"另一个年轻人米哈尔爽快地答应了。

两个人骑着马来到草原边上，众人都过来围观，想看看这场奇怪的"跑得慢"比赛。大家开始数"一、二、三！"，比赛开始了！

可是，两人却纹丝不动，大家都笑了起来。大家纷纷议论后一致认为，这场比赛不会有结果啦，因为两个人很可能就这样一直待在原地一动不动。这时，走过来一位白发苍苍的老人。

"这是怎么啦？"老人问。

大家就把这种情况告诉了老人。

"哈哈，我有种法术，保管他们俩听了我的话之后，会像火烧屁股似的往前飞奔。"

说完，老人就走到两个年轻人旁边，悄悄地说了几句话。半分钟后，就见两人骑着马发疯一般地往前飞奔，想要最先到达目的地。但是按照比赛规则，奖金仍由跑得慢的马主人获得。

老人究竟跟他们说了什么？

数学漫画❶

古代各国用不同的图形来表示1，请问，下边的图形分别对应以下哪国的1？（有一个图形是多余的）

①古埃及的1；

②玛雅的1；

③古希腊的1；

④美索不达米亚的1。

答案：A—古埃及的1；

　　　B—玛雅的1；

　　　C—古希腊的1；

　　　D—美索不达米亚的1；

　　　E—玛雅的0。

★ 玛雅人比印度人更早使用数字0。

第二章 小小火柴棒

准备好一盒火柴，用小小的火柴棒也能想出很多机智有趣的问题，可以促使你的大脑更加灵活地思考。下面就来举一些简单有趣的例子吧。

008 100

用 4 根火柴棒摆成图 1 的形状，再加上 5 根火柴棒，摆成 100。

图 1

图 2

009 小房子

把火柴棒摆成图 2 的小房子形状，移动 2 根火柴棒，使房子换个方向。

010　向上爬的虾

如图3，把火柴棒摆成一只向上爬的虾，现在移动3根火柴棒，使它变成向下爬的样子。

011　天平

用9根火柴棒摆成图4中失衡的天平形状，移动其中5根火柴棒，使天平变平衡。

图3

图4

012　两个酒杯

取10根火柴棒摆成图5中两个酒杯的形状，然后移动其中6根火柴棒，看看能不能把酒杯变成小房子。

013　神庙

图6是用11根火柴棒摆成的一座希腊神庙，任意移动其中4根火柴棒，使它变成15个正方形。

图5

图6

014　三角旗

取10根火柴棒摆成图7的三角旗形状，现在移动其中4根火柴棒，把它变成小房子。

015 路灯

如图 8 所示，把火柴棒摆成路灯形状，然后移动其中 6 根火柴棒，把它变成 4 个一样的等边三角形。

图 7   图 8

016 斧子

移动 4 根火柴棒，把图 9 的斧子图案，变成 3 个一样的等边三角形。

017 台灯

将 12 根火柴棒摆成图 10 的台灯形状，任意移动其中 3 根，使其变成 5 个一样的等边三角形。

图 9   图 10

018 钥匙

把 10 根火柴棒摆成图 11 的钥匙形状，然后移动其中 4 根，把钥匙变成 3 个正方形。

019 三个正方形

移动图 12 中的 5 根火柴棒，看看能不能把它变成 3 个正方形。

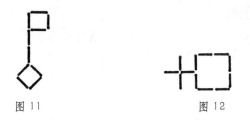

图 11　　　　　　　　　　图 12

020　五个正方形

把火柴棒摆成图 13 的形状，任意移动其中 2 根，使它变成 5 个全等正方形。

021　三个正方形

从图 14 的图形中拿走 3 根火柴棒，使它变成 3 个一样的正方形。

图 13　　　　　　　　　　图 14

022　两个正方形

移动 5 根火柴棒，把图 15 的形状变成 2 个正方形。

023　三个正方形

取 12 根火柴棒摆成图 16 的形状，然后移动 3 根火柴棒，把它变成 3 个一样的正方形。

图 15　　　　　　　　　　图 16

024　四个正方形

用火柴棒摆成图 17 的形状，任意移动其中 7 根，把它变成 4 个正方形。

025 正方形

从图18的图形中拿走8根火柴棒，①把它摆成2个正方形；②把它摆成4个一样的正方形。

图17

图18

026 四个三角形

只用6根火柴棒摆出四个等边三角形。

027 以1抵15

将16根火柴棒随意组合，然后拿起其中1根，使得所有火柴棒都被拿起来。

数学漫画 ②

问：古代希腊在计算时用5进制，1写成 l，5写成 Γ，10写成 Δ，50写成 Γ̣，100写成 H，那么500要怎么写？

$\triangle$ ||| = 13

Γ̣Γ = 55

HHH = 300

答：表示为 Γ̣ᴴ，即 500 = Γ̣ᴴ

500 = Γ̣ᴴ

★ 古希腊是将表示数字的那个希腊语的首字母作为数字使用。如 Γεντε 为5之意，使用 Γ 表示5；Δεκα 为10之意，用 Δ 表示10；Ηεκατο 为100之意，即以 H 表示100。

028 用手指帮助计算

一个小男孩总也背不好九九乘法表里 9 的倍数，很不开心。于是他的爸爸帮他想出了一个用手指记忆的办法：

把两只手手心向上平放在桌上，每个手指各代表一个数字，从左到右按照次序，第一个手指代表 1，第二个手指代表 2，以此类推，第十个手指刚好代表10。然后在计算 9 的倍数的时候，把代表倍数的手指弯下来，在它左边的手指数就是乘积的十位数，它右侧的手指数则是乘积的个位数。

比如在计算 9 乘以 7 的时候，把从左边数第 7 个手指弯下来，这时左边有 6 个手指，右边有 3 个，所以乘积就是 63。

这种数手指的方法，一开始会觉得很奇妙。但是我们按照九九乘法表来看一下，就全都明白了：

$1×9 = 9$，$2×9 = 18$，$3×9 = 27$，$4×9 = 36$，$5×9 = 45$，$6×9 = 54$，$7×9 = 63$，$8×9 = 72$，$9×9 = 81$，$10×9 = 90$。

从表里可以看出，这些乘积的十位数按 0，1，2，3，…8，9 的顺序排列，依次加 1，而个位数恰好相反，按 9，8，7，…1，0 的顺序排列，依次减 1；同时，每个乘积的个位数和十位数的和都是 9。所以，只要弯起对应的手指，就能算出 9 的倍数。手指可是人类最原始的计算器了。

029　相向航行

每天中午，都有一艘轮船从法国的哈佛港出发，经大西洋开往纽约。同一时刻，这家公司也有一艘轮船自纽约出发，开往法国哈佛港。两艘船都需要 7 天才能到达目的地。请问：一艘从哈佛港出发的轮船在抵达纽约再返回哈佛港的途中，会遇上几艘这家公司反向行驶的轮船？

030　卖苹果

一位农妇拿着一篮苹果去市场卖，第一位顾客买走了所有苹果的一半再加上 $\frac{1}{2}$ 个，第二位顾客买走了剩余苹果的一半再加上 $\frac{1}{2}$ 个，第三位顾客再买走了剩余苹果的一半再加 $\frac{1}{2}$ 个，依此类推，到第六位顾客买走剩余苹果的一半再加上 $\frac{1}{2}$ 个，这时候，农妇的苹果刚好卖完，而这六位顾客所买的苹果都没有切为两半，请问农妇究竟最少带了多少个苹果到市场去卖？

031　蜈蚣爬树

一只蜈蚣从周日上午 6 点开始爬树，一直爬到晚上 6 点为止，一共爬了 5m，但天黑后它会往下滑 2m，请问要到星期几的几点，这只蜈蚣才能爬到 9m 高的地方？

032　自行车与苍蝇

A、B 两镇相距 300km，有两个人分别骑自行车从两镇出发向另一镇骑行，两人的时速都是 50km/h，且中途都没有停车。一只苍蝇也和第一辆自行车一起从 A 镇出发，以时速 100km/h 的速度向第二辆自行车飞去，直到遇到第二辆自行车便立刻折返往回飞，和第一辆自行车相会后又折返飞向第二辆自行车……如此在两辆自行车之间往返，直到两辆自行车相遇，苍蝇停在其中一人的帽子上为止。请问，这只苍蝇一共飞了多少千米？

033　狗和行人

两个行人在同一条路上往相同的方向行进，第一个行人时速为 4km/h，第二个行人时速为 6km/h，前者比后者超前 8km/h。这时其中一位行人身旁的狗以时速 15km/h 的速度从自己主人身边跑向另一位行人，与行人相遇后又以相同速度折返回主人身旁，然后再跑向另一位行人……如此往返数次，直至第二位行人赶上第一位行人为止。请问这只狗一共跑了多少千米？

034　平方的简单计算法

个位数是 5 的两位整数计算平方时，有一个简单的办法，就是用它的十位数乘以比它大 1 的数字，然后在乘积的后面（右面）加上 25 就可以得到正确答案。

例如：计算 35^2，首先用十位数 3 乘以 4 等于 12，然后在右面加上 25，即 1225。同理，$85^2 = 7225$。

请说明这其中的理由是什么。

035　把 2 移到前方，数字立即翻倍

一个整数的个位数是 2，把个位数移到最左边，数字立刻变成原来的 2 倍，请问这个整数是多少？

036　此数究竟是几

一个整数被 2 除余 1，被 3 除余 2，被 4 除余 3，被 5 除余 4，被 6 除余 5，被 7 除则刚好除尽，这个数是多少？

037 连续整数之和

可以用纸牌来解答这个问题。首先取出 1~10 十张纸牌，然后用铅笔分别在牌上画上黑点，1 上画 1 点，2 上画 2 点，3 上画 3 点，以此类推，直到 10 上画 10 点为止。接着再以同样的方式制作一套相同的纸牌，准备工作就做好了。

首先，把一套纸牌按 1~10 的顺序摆好，然后将另一套纸牌按 10~1 的顺序摆在前一套纸牌的下方。

这样一来，就排成了两行 10 张纸牌，上下两张为一组共有 10 组，而每一组的点数和都是 11，所以两行纸牌的点数和为 10×11，也就是 110。因为我们使用了两副一样的纸牌，所以每行的点数和是 110 的一半，也就是 55，即每行的 10 张纸牌上共有 55 个黑点。

大家可能发现了，从 1 开始的连续整数和，都可以用这个方法算出，而不需要一个个按顺序相加，例如 1~100 的连续整数和是 101 的 100 倍再除以 2，也就是 5050。

038 收苹果

将 100 个苹果每隔 1m 排成一列，然后果农把一个篮子放在第一个苹果前 1m 的地方，然后每次收一个苹果放回篮内，请问他要走多少米才能把全部苹果收到篮子里？

039 时钟

自鸣钟一昼夜共要敲多少下？

040 自然数之和

请算出 1 至 n 的自然数之和。

其实，关于这个问题我们已经在前面的三个问题中思考过了，但这里我们再用图形来思考一下。首先画一个长方形，在纵线与横线上分别标上 n 与 $n+1$ 等分的点，然后把这些点用平行的直线连接起来，就会形成 $n(n+1)$ 个大小完全相等的小正方形（如图 19）。

图 19 为 $n=8$ 时的情形，如图所示在格子里涂上灰色，那么灰色部分的格子数就可以用 $n+(n-1)+(n-2)+\cdots+3+2+1$ 的和来表示。而另一边，空白格子的数目，则每行从右向左数的结果和上面灰色格子的计算完全相同。因此

$$2(1+2+3+\cdots+n)=n(n+1)$$

由此可得：

$$1+2+3+\cdots+n=n\frac{n(n+1)}{2}$$

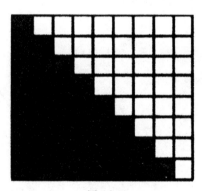

图 19

041 奇数之和

仔细看下面的式子：

$$1=1^2$$

$$1+3=4=2^2$$

$$1+3+5=9=3^2$$

$$1+3+5+7=16=4^2$$

这一结论可以总结为：从 1 开始连续奇数的和等于奇数个数的平方，如果该结论能够成立的话，请证明。

泰勒斯是公元前 600 年的腓尼基人，被公认为是数学史上最早的学者。

问：泰勒斯去往埃及，想要正确测量出金字塔的高度。就在他冥思苦想用什么方法测量时，一低头看见了自己的影子，他顿时悟出了一个好办法。请问是什么方法呢？

答：在自己的影子和身高一样长的时候，测量金字塔的影子长度即可。

★金字塔太大，实际上会有部分影子包含在金字塔本体中，正确的高度应该是 $a+b$。

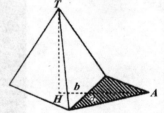

第四章
渡河与旅行

042　水沟与木板

一个长方形广场的四周环绕着一条等宽的水沟（如图20），现在有两块木板，长度和水沟的宽度一样，请问怎么才能把两块木板变成桥梁跨过水沟呢？

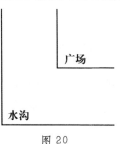

广场

水沟

图 20

043　士兵过河

一队士兵来到河边想要渡河到对岸去，可是桥坏了，河水又太深，他们正无计可施的时候，指挥官发现岸边不远处过来一艘小船，上面有两个少年。船很小，只能容纳一个士兵或者两个少年，但是士兵还是乘坐这艘小船顺利过了河。请问他们是怎么做到的呢？

044 狼、山羊和卷心菜

一个农夫想把他的狼、山羊和卷心菜送到河的对岸，但是船不够大，农夫每次只能带狼、山羊和卷心菜其中一个过河。可是，如果把狼和山羊留在对岸，狼会把羊吃掉，把羊和卷心菜留在对岸的话，羊会把卷心菜吃掉。请问，农夫该怎么做才能把狼、山羊和卷心菜平安无事地送到河对岸？

045 3个骑士

3个骑士各带着一个随从在河边集合，要渡河到对岸去，刚好有一艘可载2人的小船，马也可以不涉水过河，所以过河应该很容易。但是开始过河时却出现了问题，几个随从都表示不愿和自己主人以外的骑士在一起，而且不管怎么威吓，3个随从虽然胆怯但仍坚持己见。最后6个人还是用这条船顺利过了河，同时也尊重了随从的意愿，请问他们是怎么过河的呢？

046 4个骑士

假定现在增加1个骑士和1个随从，8人渡河，条件与前题相同，他们也能平安渡河吗？

047 3人小船

假定前题4个骑士和4个随从，共8人在岸边汇合，找到的是一条可容纳3人的船，按照之前两个问题的条件，他们能顺利过河吗？

048 河中小岛

4个骑士各带1个随从，在没有船夫的情况下，要用一条只能容纳2人的小船过河，河中央有一个小岛。按照前面问题的条件，请问他们要怎么安排，才能使所有人都顺利过河？

049 火车 A、B

B 火车就要到站了，但 A 火车从后面赶了上来，B 必须让 A 先行通过才行。在主轨道右侧设有紧急避让线，专门用来让火车暂时避让的。但避让线太短了，无法容纳 B 火车的全部车厢，情况危急，怎么才能让火车 A 安全通过呢？

050 六艘汽船

A、B、C 三艘汽船沿着一条河道前后航行，与此同时，D、E、F 三艘汽船也从反方向前后行驶过来。可是河道很窄，两艘船无法交汇而过，不过河道的一边恰好有一个能容纳一艘船的港湾，请问这 6 艘船怎么才能顺利交汇，然后继续航行呢？

数学漫画 ❹

问：大数学家毕达哥拉斯让学生从 1 数到 4，然后说："你以为是 4，其实是 10，而且还是个完美的三角形。"学生听了百思不得其解，为什么会 4＝10 呢？

答：1＋2＋3＋4＝10，而把 10 个点如图中金字塔般均匀分布叠加起来，就组成了一个完美的大三角形。

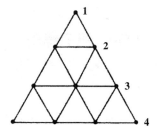

第五章
分配问题

051　不要分得太细

5块饼干要平分给6个小孩，但是不能把每块饼干都分成6等分。

这类问题还有很多很多。比如可以用以下数字代替上面的5和6，如7和12，7和6，7和10，9和10，11和10，13和10，5和12，11和12，13和12…，要把前数平分给后数都是这一类问题。

这类问题的做法都是把小分数化为大分数，可以把问题改成：

5张纸分给8个同学，但不能把每张纸平分为8份，要怎么分？

思考这类问题，对于清晰理解分数的意义，有很大的帮助。

052　两个樵夫

两个樵夫尼基塔和帕维尔在森林里辛苦工作，一直到吃饭时才停下来休息。尼基塔拿出4块面包，帕维尔则拿出了7块面包。这时走过来一位猎人，他说："两位，我迷路了，从这儿走回村子还有很长一段路，可是我已经很饿了，能不能把你们吃的分点给我吃啊？"

"行啊！你坐下来吃吧！"

于是他们把 11 块面包平均分成了 3 份，一人一份。吃完猎人从口袋里摸出 10 戈比的银币和 1 戈比的铜币各一个。

"多谢两位，我身上只有这么多钱，你们自己去分吧！"

猎人走了，两个樵夫却吵了起来。

尼基塔说："这钱应该一人一半！"

帕维尔反驳道："11 块面包对应 11 个戈比[①]，那么一个面包相当于 1 戈比，你拿出了 4 块面包就该得 4 戈比，我拿出 7 块面包应该得 7 戈比……"

大家想想看，哪个计算方法比较正确？

053 分麦子

伊凡、彼得、尼克莱三位农夫经过辛勤劳作收获了一大袋麦子，可是他们没带着量斗，只能用目测的办法分麦子。伊凡年纪较长，由他把麦子分为了三堆。

"彼得拿第一堆，尼克莱拿第二堆，我拿第三堆。"

"不公平不公平，我那堆最小！"尼克莱抱怨。

于是三位农夫吵了起来，差点就动手了。可是，无论从第一堆分一些给第二堆，还是第二堆分一些给第三堆，三个人都不满意。

伊凡有点不耐烦地说："如果是我和彼得两个人分麦子，很快就能分得很公道，我先分，然后让彼得先选他认为多的那一堆，剩下的那堆归我就行了，不会有人不满意。可是现在咱们三个人，究竟要怎么分才能让大家都满意？"

三个农夫都开始想，有没有一种办法让每个人都觉得自己分得的麦子比 1/3 多？最后他们终于想出了办法，你知道是什么办法么？

054 平分三份的方法

有 21 个木桶要分给三个人，其中有 7 个木桶装满了葡萄酒，有 7 个木桶装着半满的葡萄酒，还有 7 个木桶是空的。三个人都要分得等量的葡萄酒和等数的

---

① 戈比和卢布都是俄罗斯货币单位，1 卢布＝ 100 戈比。

木桶，注意，桶内的葡萄酒不能转移，请问，要怎么分？

055 平分两份的方法

一个容量为8斗的木桶刚好装了8斗葡萄酒，现在要把这些酒平分给两个人。他们只有一个5斗和一个3斗的空桶，把这三个桶既当做容器又当做量斗，怎么才能把酒平分呢？

056 二等分

与上题类似，16斗的木桶装满葡萄酒，有11斗和6斗的空桶各一个，怎么把酒分成二等分？

057 分葡萄酒

三只木桶，容量6斗的装了4斗酒，容量7斗的装了6斗酒，还有一个容量3斗的空桶，请问怎么才能把葡萄酒平分成两份？

数学漫画 5

问：埃及金字塔的底边与高之间有一定的比例，希腊帕台农神庙基座的长度与柱高也有一定的比例，都接近于 1:1.6。请问，这样的比例叫做什么？

答：黄金比或黄金分割比。

★ 长宽之比为 1:1.618 的长方形，被称为黄金长方形，是最完美的形状。一般明信片就采用这种比例，约为 1:1.5。

① BC 的中点为 E。以 E 为中心，ED 为半径画圆，与 BC 延长线的交点为 F。

② 以 AB、BF 为两边的长方形 ABFG，即是黄金长方形。

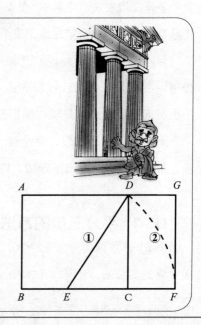

第六章
童话故事

058 天鹅与鹳鸟

一群天鹅飞翔在天空中，这时迎面飞来了 1 只其他种类的天鹅，他高兴地说："你们好呀！100 只天鹅先生。"鹅群前方 1 只年长的天鹅却回答到："不对，我们不是 100 只，把我们的数目翻倍，再加上我们数目的一半和 $\frac{1}{4}$ ，最后把你算上，才会是 100 只。你猜猜看，我们现在是多少只？"

这只天鹅飞走了，边飞边想：刚刚遇到的同伴究竟有多少只呢？但他怎么也想不出答案。这时他看见鹳鸟在湖里，脚爪长长的，一边走一边在找青蛙。这只鹳鸟非常聪明，被称为"数学家"，他常常好几个小时都用 1 只脚站着，一动不动地思考问题。天鹅开心地飞过去，到鹳鸟旁边把刚才发生的事情告诉了他。

鹳鸟轻轻咳了一下，然后说："好吧，我想到了，你要认真听我解释哦！"

"我一定专心听"天鹅认真地回答。

"那么好，他们是不是这么说的：鹅群数目的 2 倍，加上鹅群数目的一半，加上鹅群数目的 $\frac{1}{4}$ ，再加上你，总共是 100 只？"

"是呀！"天鹅用力地点头。

"好，跟我到岸边来，我画给你看。"

鹬鸟用他长长的尖嘴在沙地上画起来，他先画了两条长度一样的直线，又分别画了两条长度只有 $\frac{1}{2}$ 和 $\frac{1}{4}$ 的直线，最后在旁边加了一点（如图21）。

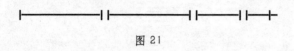

图 21

天鹅爬到岸上，迷惑不解地看着图。

"看懂了吗？"鹬鸟问他。

"我一点也没有看懂。"天鹅有点沮丧。

"好吧，你注意看。你听到的不是这样吗？鹅群数目的2倍，加上鹅群数目的一半，加上鹅群数目的 $\frac{1}{4}$，再加上你1只。我用画线来表示，第一条线代表鹅群的数目，后面是一条等长的线，一条 $\frac{1}{2}$ 的线和一条 $\frac{1}{4}$ 的线，然后最后那一点代表你自己，这样看懂了吗？"

"啊，我懂了！"天鹅开心地说。

"这样加完最后的结果是多少只呢？"

"是100只！"

"那么，去掉你是多少只？"

"99只！"

"对啊，从图里去掉你那一点后，这些就代表99只天鹅了。"鹬鸟一边说一边用脚擦去最右边那一点（如图22所示）。

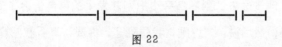

图 22

"接下来你看，半群与 $\frac{1}{4}$ 群合起来，有多少个 $\frac{1}{4}$ 群呢？"

天鹅想了一下看着图回答说：

"表示半群的线是表示 $\frac{1}{4}$ 线的2倍，所以半群应该是两个 $\frac{1}{4}$ 群，那么，半

群和 $\frac{1}{4}$ 群合起来一共是 3 个 $\frac{1}{4}$ 群！"

"很不错！"鹳鸟赞许道，然后又问，"那完整的一群共有几个 $\frac{1}{4}$ 群呢？"

"当然是 4 个啦！"天鹅自信地回答。

"对啦，两个完整的一群，一个半群和一个 $\frac{1}{4}$ 群，把他们全部改成 $\frac{1}{4}$ 群，总共有多少个 $\frac{1}{4}$ 群呢？"

天鹅想了好一会儿才说：

"完整的一群是 4 个 $\frac{1}{4}$ 群，再加上一群也是 4 个 $\frac{1}{4}$ 群，那就一共是 8 个 $\frac{1}{4}$ 群了，然后，半群是两个 $\frac{1}{4}$ 群，那么就有 10 个 $\frac{1}{4}$ 群了，再加上 1 个 $\frac{1}{4}$ 群，一共是 11 个 $\frac{1}{4}$ 群！"

"11 个 $\frac{1}{4}$ 群是 99 只天鹅，那么你能算出结果吗？"鹳鸟问天鹅。

"嗯，那群天鹅总数的 $\frac{1}{4}$ 的 11 倍是 99 只"天鹅很快回答说。

"那么，1 个 $\frac{1}{4}$ 群有多少只天鹅呢？"

"1 个 $\frac{1}{4}$ 群有 9 只天鹅。"

"那完整的鹅群是多少只呢？"

"一群天鹅是 4 个 $\frac{1}{4}$ 群……啊！我知道了！我遇到的那群天鹅有 36 只。"天鹅高兴地叫了起来。

"对啦对啦！不过你自己是没办法解答出来的对不对？天鹅先生！"鹳鸟洋洋得意地说。

059 农夫与恶魔

一个农夫一边走路一边抱怨："苦啊！为什么我的生活那么辛苦？又穷又苦地活着还有什么意思？兜里那几个铜板，一下就花光了！有些人不但有钱，还能源源不断地挣钱，这真是太不公平了！谁能帮助我变得富有呢？"

话音刚落，一个恶魔出现在他面前。

"刚刚你说什么？如果你需要钱，我可以帮你，因为那真是太容易啦！你看见那边那座桥了么?"

农夫有些害怕,点点头说:"看到了。"

"只要你走过那座桥,你兜里的钱就会增加一倍,走回来又增加一倍,你每过一次桥,钱就会变成两倍。"

"真的吗?"农夫有些难以置信。

"当然了!我的话绝对是真的!但是呢,你的钱每增加一倍时都要给我 24 个戈比,你觉得怎么样?"

"没问题,先生!"农夫爽快地答应了,"既然每过一次桥我的钱就多一倍,那么给你 24 个戈比就根本不算什么了,我现在可以开始了吗?"

果然,农夫过了桥,钱增加了一倍,他按照约定付给了恶魔 24 戈比;他回头走了第二次,钱又多了一倍,又付给恶魔 24 戈比;走完第三回,钱又多了一倍,但这时农夫身上只剩 24 戈比了,他只好遵守诺言把钱全部给了恶魔,身上连半毛钱都没剩下。

请问,农夫兜里原本有多少钱?

数学漫画 6

问:像哥白尼的日心说一样,从某一事件起始而使整个世界都为之改变,这样的事件叫做什么?

①日心说式逆转;

②哥白尼革命;

③哥白尼式转向。

答:③哥白尼式转向。

★尼古拉·哥白尼(1473-1543),波兰科学家、数学家、天文学家、神学家兼医师。他公开发表日心说,推翻了过去 1400 多年支配世界的地心说,促进了近代科学的发展。哲学家康德用"哥白尼式转向"来表现类似这样的事件。

哇!

060 农夫与土豆

有一天，三个农夫来到客栈吃饭休息，他们让老板娘给他们煮一锅土豆吃，然后就回房间睡觉了。老板娘煮好以后没有叫醒他们，把碗放在桌上就离开了。一个农夫先醒了，看到桌上的碗，没有吵醒同伴，把自己那份先吃了，倒头又睡了。过了一会儿，第二个农夫醒了，他不知道第一个农夫已经吃过了，于是他吃了剩下土豆的 $\frac{1}{3}$，然后又睡了。第三个农夫醒了，他以为自己是最先醒的，所以把碗里的土豆吃了 $\frac{1}{3}$。这时候，另外两个农夫也醒了，看到碗里还剩 8 个土豆，马上就明白怎么回事。请问，老板娘最初放在碗里的是几个土豆？他们三个人分别吃了多少个？剩下的土豆要怎么分配才公平？

061 两个牧童

两个牧童伊凡和彼得遇上了，伊凡说："给我一只羊吧，这样我的羊数量就是你的两倍了！"彼得不同意："还是你分我一只羊吧，那样咱俩的羊就一样多了。"

请问：伊凡和彼得各有几只羊？

062 奇怪的买卖

两个农妇去市场卖苹果，一个农妇 2 个苹果卖 1 戈比，另一个农妇则 3 个苹果卖 2 戈比。

她们俩篮子里分别有 30 个苹果，第一个农妇估计自己卖完苹果可得 15 戈比，第二个农妇估计可得 20 戈比，两人合计共得 35 戈比。为了避免恶性竞争，她们商量了一下决定把苹果合起来卖。第一个农妇说："我的苹果卖 2 个 1 戈比，你的苹果卖 3 个 2 戈比，咱俩合起来应该 5 个苹果卖 3 戈比才对。"

于是两人把苹果合起来卖，一共 60 个，每 5 个卖 3 戈比。

卖完之后才发现，一共得了 36 戈比，比分开卖多出 1 戈比。为什么会多出 1 戈比呢？两个人都有些莫名其妙。请问：多出的 1 戈比是怎么回事？这 1 戈比要分给谁才比较公平？

就在这时，旁边的两个农妇听到了，也想学她俩多赚 1 戈比。

这两个农妇也是各带了 30 个苹果，一个农妇 2 个苹果卖 1 戈比，一个农妇 3 个苹果卖 1 戈比，她们预计卖完分别应得 15 戈比、10 戈比，合计 25 戈比。于是她们模仿之前两个农妇合起来卖苹果，一个农妇说："我的苹果 2 个卖 1 戈比，你的苹果 3 个卖 1 戈比，那咱们 5 个苹果卖 2 戈比就行了。"

于是她们合起来卖苹果，5 个苹果 2 戈比。可是，卖完之后才觉得奇怪，只得到了 24 戈比，比预计的还少了 1 戈比。

为什么会少了 1 戈比？谁应该负担亏损的 1 戈比？

063 捡钱包

希多、卡普、帕风、博卡四个农夫一起从镇上回来，边走边聊说钱不够用的事。

希多忽然说："如果我能捡着一个钱包，我只要其中的 $\frac{1}{3}$，剩下的都给你们。"

"如果是我，我会四个人平均分配。"卡普小声说道。

帕风回应说："我只要拿到 $\frac{1}{5}$ 就心满意足啦！"

博卡接着说："我有 $\frac{1}{6}$ 就够了！可是说这些有什么用？怎么可能有人那么傻，把钱包丢在路上让我们捡？"

话音未落，四个人就看到路边果然有个钱包，于是赶紧过去捡了起来，按照他们之前的想法，希多分得全部钱数的 $\frac{1}{3}$，卡普分得 $\frac{1}{4}$，帕风分得 $\frac{1}{5}$，博卡分得 $\frac{1}{6}$。

四人把钱包打开，发现里面有 8 张钞票，有一张是 3 卢布，另外几张分别是 1 卢布、5 卢布和 10 卢布的。但是如果不把钱换开，他们就没法拿到自己想要的部分，于是他们决定在原地等候，有人经过就跟他换钱。此时，有人骑着一匹马过来了，四个农夫异口同声说："嗨，我们四个人捡到了一个钱包，想把里面的钱分掉，你有 1 卢布的钱跟我们换开吗？"

"我没带着那么多 1 卢布的钱，这样吧，你们把钱包给我，我拿出自己的 1 卢布，让你们各自拿到原来预期的钱数，只要把剩下的钱包给我就行。"

农夫们高兴地答应了，于是骑士拿出钱包里的钱，分给希多 $\frac{1}{3}$、卡普 $\frac{1}{4}$、帕风$\frac{1}{5}$、博卡$\frac{1}{6}$，然后拿走了钱包。

"好啦，谢谢各位！你们满意，我也满意！"说完骑士就骑着马走了。

几个农夫开始觉得奇怪了，"他为什么要向我们道谢呢？"

卡普提议说："咱们数数一共得了几张钞票就知道了。"

数完还是 8 张没错。

"可是，为什么没有那张 3 卢布的钞票呢？"

"咱们四个都没有拿到啊。"

"那 3 卢布去哪儿了？难道咱们被那个骑士骗了？咱们赶紧一起算算被他骗了多少钱。"

他们开始悄悄地在心里算起来。

"不对呀，我拿到的比预期的还多呢！"希多先叫了起来。

"是啊，我也多拿了 25 戈比（1 卢布等于 100 戈比）。"卡普也跟着说。

"为什么会这样？为什么他给我们的钱比预期的还多呢？但是他拿走了 3 卢布，可见他还是骗了我们！"四个人最终一致认定。

请问：四个农夫究竟捡了多少钱？骑士有没有骗他们？他们各自分得了多少钱？

064 分骆驼

一位老人在去世前把家里的骆驼分给了三个儿子，老大分一半，老二分$\frac{1}{3}$，老三分$\frac{1}{9}$。可是老人留下的是 17 头骆驼，17 不能被 2、3、9 整除。于是三兄弟去请教村里的长老，长老把自己的骆驼骑过来，然后按照老人的遗言顺利把骆驼分给了三兄弟。请问他是怎么做的？

065 桶里的水

有这样一个故事：一个农夫雇了一个人，要求他完成一项奇怪的工作。

"这里有一个木桶，只要装满半桶，不能多也不能少，也不能用木棍或绳子来测量高度。"

这个被雇的人最终完成了这项工作，请问，他是用什么办法来测量桶里水的多少呢？

数学漫画 **7**

问：说出"人类是会思考的芦苇"这句名言的数学天才帕斯卡，是最早发明计算器的人，这是真的吗？

答：是真的。虽然这部计算器只能用于加减法计算，但却是他为了帮父亲解决计算税务的烦恼而发明的，是世界上第一部手摇式计算器，当时他18岁。

★ 帕斯卡（1623-1692），法国哲学家、数学家及物理学家。十多岁时，就自己钻研，发现了阿基米德几何学的定理，16岁时发表《论圆锥曲线》，以物理学的帕斯卡定理而闻名。

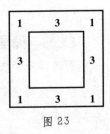

066 分配卫兵

在一个正方形的城堡里，共有16个卫兵沿着城墙站岗，小队长分配他们的情况如图23所示，每边各5人。中队长来了之后，对这种分配方式很不满意，于是下令每边改为6人。最后，将军来了，他觉得中队长的安排非常不妥当，大发雷霆，之后把每边改成了7个卫兵。

卫兵总数还是16人，那么，后来的两种分配方式是怎样的呢？

1	3	1
3		3
1	3	1

图 23

067 粗心的主人

主人在酒窖里放了一个九格的正方形酒柜，中间一格放空瓶不放酒，四角的格子里各放 6 瓶酒，四边的中间各放 9 瓶酒，合计一共摆了 60 瓶酒，酒柜每边都有 21 瓶酒，如图 24 所示。

6	9	6
9		9
6	9	6

图 24

有个仆人发现，主人在清点瓶数时只是数一下四条边是不是各有 21 瓶酒。于是仆人先偷了 4 瓶酒，然后把其余的酒仍旧排成每边 21 瓶。主人来检查时，按照往常的办法点了几遍，发现每条边都是 21 瓶，以为只是仆人稍微变了下酒瓶的位置而已，也就没有在意。仆人见状，又偷偷拿走 4 瓶酒，还是把剩余的酒瓶排列成每边 21 瓶。如果主人一直按此法清点，仆人总共能够偷走多少瓶酒？

068 王子和魔法师

给大家讲个有趣的故事，不过，我们要关心的只是这个故事里的数学问题。

在一个王国里，有个王子叫伊凡，他还有 3 个妹妹，大妹妹玛莉亚公主，二妹妹欧珈公主，小妹妹安娜公主，他们的父王和母后在很久以前就去世了。

伊凡王子把 3 个妹妹分别嫁给了铜国、银国和金国的国王，王宫里只剩他自己一个人。一年后寂寞的伊凡很想念妹妹们，于是决定动身去看她们。

半路上，伊凡王子遇到了美丽的艾琳娜，两人很快就相爱了。可是没过多久，一个能长生不老的魔法师贪图艾琳娜的漂亮，强行把她抢走并想强迫艾琳娜嫁给他。艾琳娜宁死也不答应，魔法师一气之下用法术把艾琳娜变成了一棵小白桦。

伊凡王子心急如焚，带着军队四处寻找艾琳娜。走过漫漫长途后，他们找到了女巫的古堡，王子把事情告诉女巫，请求女巫帮他找回心爱的艾琳娜。因为女巫和魔法师是死对头，所以女巫毫不犹豫地答应了。

"要想破解魔法师的魔法，就必须请铜国、银国、金国的国王，和你一起在深夜 12 点念咒语，这样魔法就解除了，魔法师也会失去他的法力。"

不过，一只乌鸦听到了女巫的话，偷偷飞去报告了魔法师。

伊凡王子要出发了，女巫送给他一枚魔戒。

"这枚魔戒能把你带到魔法师那里去，只要命令魔戒，就可以开锁或者锁紧。去吧，王子，祝你好运！"

伊凡王子和士兵刚一离开女巫的古堡，就被早已埋伏好的魔法师抓住了，然后被关进了一个深深的地牢里。

"伊凡，我绝对不会让你再见到艾琳娜的！"

关押他们的地牢是正方形，沿着四边一共设了8个牢房（如图25，小方格表示牢房），地牢只有一个出口，用7道门锁锁得严严实实。伊凡王子和士兵一共24个人，于是魔法师在每个牢房关3个人。

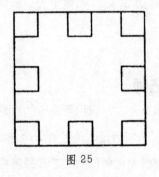

图 25

每天晚上，魔法师都会到地牢里羞辱伊凡王子，然后清点人数。因为他只会从1数到10，所以每晚他都只数每边3个牢房是不是9个人，数完就放心地走了。

可是这些困难根本难不倒伊凡王子，他用魔戒的神力把7道门全部打开，然后指派3名士兵分别到铜国、银国和金国去求助。为了不让魔法师怀疑，他还重新分配了剩余的士兵，使得每边合计还是9个人。

第二天晚上，魔法师来检查时，抱怨士兵们不好好呆在自己的牢房里，清点人数发现每边都是9个人，也就没有怀疑。

没过多久，3名士兵带着铜国、银国、金国的国王悄悄回到了地牢里。

这时，魔法师又来清点人数了，伊凡王子很快把士兵和国王排成每边9个人，魔法师毫无察觉。

午夜 12 点，3 个国王和伊凡王子一起到魔法师的城堡门口念起了咒语，结果艾琳娜立刻恢复了美丽的摸样。大家一起平安离开了魔法师的城堡。

最后，伊凡王子和艾琳娜结了婚，从此两人过着幸福快乐的生活。

故事结束了，问题来了：伊凡王子是怎么安排的，使得两次都是每边 9 人骗过了魔法师？

069 找蘑菇

爷爷带着四个孙子到森林里找蘑菇，他们一进去就开始分头找。半个小时后，爷爷清点了一下，总共找到 45 个蘑菇，可是这都是爷爷找的，四个孙子一个蘑菇也没找到。

"爷爷，爷爷"一个孙子乞求道，"我不想空着篮子回家嘛，你的蘑菇分我一些好不好？反正你那么会找蘑菇，分我一些没关系嘛。"

"爷爷，我也要！"

"爷爷，分我一些！"

于是，爷爷把蘑菇全部分给了四个孙子，自己一个也没留。接着大家又分头去找蘑菇，第一个孙子又找到两个蘑菇，第二个孙子弄丢了两个蘑菇，第三个孙子找到的蘑菇和爷爷给的数量一样多，第四个孙子则把爷爷给的蘑菇弄丢了一半，最后大家数一数篮子里的蘑菇，四个孙子都一样多。

请问，四个孙子分别从爷爷那里得到了多少个蘑菇？最后每人篮子里有多少蘑菇？

070 总共几个蛋

一个农妇提着一篮鸡蛋沿街叫卖，一个行人走过不小心把篮子撞到了地上，鸡蛋全都碎了。行人想赔偿农妇的损失，他问农妇篮子里有多少鸡蛋，农妇说："不清楚呢，我只知道把蛋每两个一数余 1，每 3 个、4 个、5 个、6 个一数都余 1，每 7 个数就刚好数完，不多也不少。"

请问：农妇最少带了多少个鸡蛋？

问：数学大师高斯读小学二年级时，老师问："1 加到 100 的总和是多少？"，小高斯立刻回答："5050！"他的计算方法如下：

$$1 + 2 + 3\cdots99 + 100 \qquad ①$$

这样逐一加下去任何人都会计算，但他写出另一数列：

$$100 + 99\cdots3 + 2 + 1 \qquad ②$$

然后①＋②，得出

$$101 + 101 + \cdots101 + 101$$

答：101×50

★ ①＋②为 $101 + 101\cdots + 101 + 101$ 共加 100 次，其实真正的和只有一半，因此答案为：$101 \times 100 \div 2 = 101 \times 50 = 5050$。

接下来……

071 调时钟

伊凡和彼得两个好朋友住在一个镇上的不远处。他们俩家里都有一个挂钟。一天彼得忘了给家里的钟上发条，结果钟停了。"我去伊凡家里看看正确的时间。"彼得说完就去了伊凡家，回来后就把家里的钟调回了正确的时间。

请问：他是怎么做的呢？

072 被墨水弄脏的数字

笔记本里有这样一条记录（如图 26）：

每匹值 49 卢布 36 戈比的面料，卖了 ▆ 匹，

收入 ▆ 7 卢布 28 戈比。

图 26

卖出去的布匹数和收入的前三位数字被墨水遮住看不清楚了。请你推断一下，被墨水遮住的数字是多少？

073 白吃白喝的士兵

一家小吃店挨着四面墙各摆了一张桌子，刚好 4 张桌子。21 个刚结束训练又饿又累的士兵来到了店里，老板赶紧招呼他们坐下，每张桌子坐 7 个人，21 个士兵刚好坐满 3 张桌子，还有一张桌子老板自己坐（如图 27，短线代表士兵和老板）。士兵跟老板商定，包括老板一共有 22 个人，按顺时针方向来数，每数到 7 的人都可以离开，最后剩下的人付账。结果，数了几圈下来，

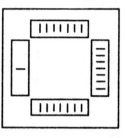

图 27

士兵们一个个都溜之大吉，最后只剩下老板一个人。请问，要从哪个人开始数才会如此？

如果 3 张桌子各坐 4 个士兵，同样的办法想让老板剩下付账，又该从哪个人开始数呢？

074 车夫和客人的赌注

一个脾气暴躁的客人站在客栈门口，见着马车夫立即问他：

"你是不是该去牵马做准备了？"

"你在说啥？"马车夫说道，"半小时后才出发，这么长时间够我把马绑上又解开 20 回呢！我又不是新手！"

"哦，你的马车系几匹马？"

"5 匹啊！"

"你系好他们需要多久？"

"最多 2 分钟！"

"真的吗？"客人有些怀疑地问，"2 分钟绑好 5 匹马，这速度也太惊人了吧。"

"这有什么。"马车夫得意地说，"先把马牵出马厩，套上马具，接着装上

有支架的拖绳和缰绳，再把支架上的铁环挂在挂钩上，然后把中间的马牢牢地绑在车辕上，最后握住缰绳，跳上车子，大喊两声：'驾！驾！'就行了！"

"真不错。"客人点头称是，"我相信你能在半个小时内连续把马绑好又松开 20 回。不过如果要是把马一匹一匹地解开、绑好，你可能一两个小时都做不完！"

"当然可以！"马车夫傲慢地说，"你想让我把一匹马绑好之后再解开换成另一匹？不管怎么换，1 个小时我都能把他们全部绑好，弄好一匹换另一匹，这样就可以了，太容易了！"

"不，不，我不是这个意思，不是让你把马换成我喜欢的顺序……"客人解释道，"依你所言，换一匹马只要 1 分钟，那么你把 5 匹马换出所有可能的顺序，需要多久？"

马车夫不甘示弱立即回答道：

"一样的，最多 1 个小时，我就能把马的所有可能顺序换个一遍！"

客人说："一言为定，咱俩打赌，如果你 1 小时做到了，我给你 100 卢布。"

马车夫同意后说："如果我做不到，我就免费搭你一程吧！"

最终结果如何，你知道吗？

075 谁的妻子

伊凡、彼得、亚力克三个农夫，分别带着他们的妻子去买东西，三个妻子分别叫玛莉亚、卡特里娜和安娜。现在，我们不知道谁是谁的妻子，只知道：他们 6 个人买东西花的戈比数等于买到商品数量的平方，并且每个丈夫都比自己的妻子多花 48 戈比，伊凡比卡特里娜多买 9 件东西，而彼得比玛莉亚多买了 7 件东西。

请推断一下，到底谁是谁的妻子？

数学漫画 ⑨

问：阿佩尔尝试研究了前人未曾涉及的椭圆函数后，给自己的中学老师写信时，用了如下日期。

$$\sqrt[3]{6064321219} \text{ 的结果} = 1823.591$$

1823 是年代，0.591 表示月日。

这是指的几月几日呢？提示：它是 1 年的 0.591 之意。

答：8 月 4 日。

★ 一年的 0.591 就是 365×0.591＝215.715 日，1823 年是平年，那么第 216 日就是 8 月 4 日，写信的日期是 1823 年 8 月 4 日。

第七章
折纸的问题

大家可能都用纸片折过小船和盒子，要用正方形的纸，折出很多折线，最后才能折出想要的形状。不过，这里要向大家介绍的是，用纸上的折线不仅能折出好玩的图形，还能帮助大家更好地认识平面图形的特点。现在请准备好白纸和小刀（用来裁去多余的纸和压平褶皱）吧，利用简单的工具就能学习几何图形的基本知识。

首先我们把纸折起来，使其中两点重合，然后用手指捏住两点，用刀背压平褶皱，这很容易，但大家有没有想过为什么折出的是一条直线呢？其实，这是平面几何的一条基本原理，即：直线是与固定两点之间等距离的点的集合。

在平面几何的基本问题中，常会用到这条定理。

076 长方形的做法

一张形状不规则的纸，如何用小刀把它裁成长方形？

077 正方形的做法

试试将长方形折成正方形。

我们可以通过答案来了解正方形的性质。两个相对顶点间的折线，称为正方形的对角线，另两个顶点间可以折出另一条对角线，如图28所示，仔细观察就会发现，这两条对角线互相垂直平分，而对角线的交点就是正方形的中心。

每条对角线都把正方形分成两个全等三角形，这些三角形的顶点都位于正方形的顶点上，并且都有等长的两边，因此可称之为等腰三角形，同时这些三角形都有一个角是直角，所以也称为直角三角形。

由此可见，正方形的两条对角线可以将正方形分割成4个等腰直角三角形，而这4个三角形的共同顶点就是正方形的中心。

接下来我们把正方形对折，也就是一边重合于它相对的另一边，这样就出现一条通过中心的折线（如图29）。简单说一下这条折线的性质：①与正方形的另外两边垂直；②将正方形的另外两边平分；③和正方形相对的两边平行；④中点是正方形的中心；⑤将正方形分成两个全等的长方形；⑥长方形的对角线所分成的三角形面积相等。现在再按相同的方法再折出另一条折线，前后折出的两条折线将原来的正方形分成了4个全等正方形（如图29）。

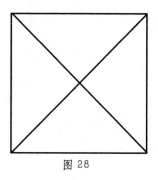

图28

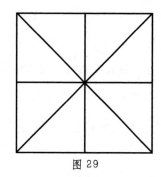

图29

现在我们再把4个小正方沿着其对角线折一下，这样就得出大正方形的内接正方形（如图30）。内接正方形不仅面积是大正方形的一半，中心也和大正方形的中心重合，可以很容易地确认这一点。接着再按同样的方法可以做出一个面积

为大正方形 $\frac{1}{4}$ 的小内接正方形（如图31）。重复做下去，可以做出面积为大正

方形 $\frac{1}{8}$，$\frac{1}{16}$，…无数个正方形。

除此而外，任何一条通过正方形中心的折线，都可以把正方形分成两个全等的梯形。

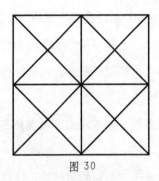

图 30

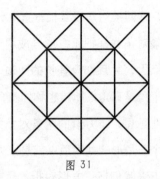

图 31

078 等腰三角形的做法

试试把一张正方形的纸折成等腰三角形。

079 正三角形的做法

将正方形的纸折成一个正三角形看看。

现在我们来了解一下，这个正三角形有些什么性质。把正三角形的任意两边分别和底边重合，可以得到 3 条代表三角形高度的折线（三角形的垂线），AA'，BB'，CC'（如图32）。

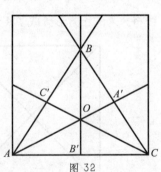

图 32

从图 32 就能看出正三角形所具有的特性：

每条垂线都将正三角形分为两个全等直角三角形；

每条垂线都将底边平分并垂直于底边；

三条垂线交于一点。

假设 AA' 与 CC' 交点为 O，BO 的延长线与 AC 相交于 B'，现在证明线段 BB' 也是三角形的垂线之一。其实观察三角形 $C'OB$ 与三角形 BOA' 就能明白其中的道理。

首先我们都知道，$|OC'| = |OA'|$，于是∠OBC'和∠$A'BO$相等，那么就知道三角形$AB'B$与$CB'B$中，∠$AB'B$和∠$CB'B$不仅相等，而且都是直角，所以BB'为正三角形ABC在AC边上的垂直线，同时也是三角形三条垂线之一。

同理，OA、OB以及OC相等，那么OA'，OB'和OC'也相等。

因此，可以O为圆心画出通过点A、B、C的圆，以及通过点A'、B'、C'的圆，后者与三角形的各边内切。

正三角形ABC，可分为6个有相同顶点的全等直角三角形，同时也可分为能够画出外接圆的3个全等四边形。

而三角形AOC的面积为三角形$A'OC$面积的2倍，所以：

$$|AO| = 2|A'O|$$

同理，$|BO| = 2|B'O|$

$$|CO| = 2|C'O|$$

也就是说，三角形ABC的外接圆半径，等于内切圆半径的2倍。

此外，正方形的直角顶点A被AO与AC'分隔成三等分，所以∠BAC等于直角的$\frac{2}{3}$，而∠$C'AO$和∠OAB'则为直角的$\frac{1}{3}$。

至于点O的6个角都相当于直角的$\frac{2}{3}$。

现在把纸沿直线$A'B'$、$B'C'$以及$C'A'$对折（如图33），就会发现三角形$A'B'C'$也是一个正三角形，其面积为三角形ABC面积的$\frac{1}{4}$，同时，$A'B'$、$B'C'$、$C'A'$不仅分别和AB、BC以及CA平行，前者的长度还刚好是后者的一半。此外，$AC'A'B'$显然是一个平行四边形，$C'BA'B'$和$CB'C'A'$也一模一样，至于垂线CC'、AA'、BB'则分别被$A'B'$、$B'C'$、$C'A'$平分。

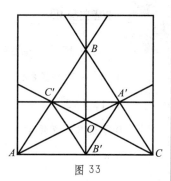

图33

080 正六边形的做法

将正方形的纸折成一个正六边形。

如图34所示，折出由正三角形和正六边形形成的美丽图案，这应该很简单。

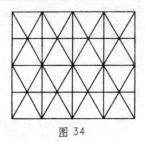

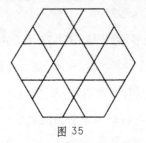

图 34   图 35

把正六边形的每条边都分成三等分，这样就分出了很多全等的正六边形和正三角形（如图 35），这个图案又对称又漂亮。

此外，还可以用这样的方式做正六边形：先做出一个正三角形，然后再把三角形的顶点往中心折。

很容易理解，通过这种方式所得到的正六边形的边长是原来正三角形边长的 $\frac{1}{3}$，同时它的面积是原来正三角形面积的 $\frac{2}{3}$。

081 正八边形的做法

试试看用正方形的纸折出一个正八边形。

数字漫画 ❿

问：能被 2 除尽的整数，如 -4, 2, 4, 6, …称为偶数；被 2 除余 1 的整数，如 1, 3, 5, 7, 9, …称为奇数，那么，0 是奇数还是偶数？

答：0 是偶数。

★ 0 被视为偶数，因此正确的解释是："所谓偶数是 -4, 0, 2, 4, …"。

082　特殊的证明

如果你学过几何肯定知道，三角形三个内角的和等于180°。但很少有人知道，只要一张纸就可以很容易地"证明"这项基本定理。

为什么要给"证明"加引号呢？因为严格说来，这是种简单的实物说明，而不能称之为证明。不过，这种机智的小方法，不仅有趣，也很值得大家参考。

首先，随意裁出一个三角形，然后沿直线 AB 对折（如图36所示），注意左右两边的底边要重合；然后再沿着 CD 对折，使 A、B 两点重合；最后，沿直线 CG、DH 对折，使得 E、F 和 B 点重合。这样就得到了长方形 CGHD，可以看到三角形的三个内角（∠1，∠2，∠3）和为180°。

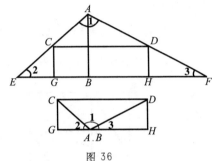

图 36

这种方法一目了然，即使是没学过几何的孩童也能明白，对于那些有几何学常识的人，也会觉得折纸"证明"这种方式非常有趣。因此，理论的证明虽然不难，但作者还是不剥夺大家用这种特殊的方式来"证明"的乐趣了。

083　勾股定理

请证明，边长为直角三角形斜边的正方形的面积，与边长分别为直角三角形另外两边的两个正方形的面积之和相等。

图37是直角三角形，然后画出以直角的两边为边长的两个正方形，进而得到一个大正方形，如图38。再画一个同样的大正方形，如图39。分别从两个正方形里减去4个相等的直角三角形，剩余部分如图38和图39的阴影部分。相等的面积减去相等的部分，剩余部分面积也应该相等，所以两图的阴影部分面积应该相等，即两个小正方形的面积之和等于大一点的正方形的面积。图38两个小正方形的边长正好是直角三角形直角的两边，图39阴影部分的正方形边长刚好是直角三角形的斜边，因此，前面两个正方形的面积和等于后面正方形的面积。

图 37

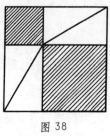
图 38

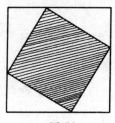
图 39

著名的勾股定理就这样证明出来了！此外，还可以像图 40 那样折一个正方形证明这项定理。

三角形 *GEH* 为直角三角形，以斜边 *EH* 为边长所作的正方形的面积，与以直角边 *EG*、*GH* 为边长所作的两个正方形的面积之和相等。

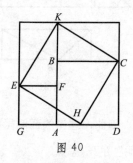
图 40

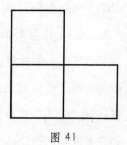
图 41

084 怎么分割

接下来，除了折纸，还要用小刀分割，问题就更有趣了。

3 个相等的正方形如图 41 那样排列，从图里裁去一部分，使得剩余的部分能合成一个中间有正方形空缺的正方形。

085 长方形变正方形

一张长方形纸宽 4cm、长 9cm，用刀裁成全等的两块，再把这两块拼成一个正方形。

086 长方形地毯

一位妇女有一块长 120cm、宽 90cm 的地毯，其中两个角磨损了，必须剪掉（如图 42 的斜线三角）。她想把剪掉两角的地毯裁成两块，然后再缝成一个长方形地毯。地毯工很快就按她的要求做出了一条长方形地毯，请问，他是怎么做的呢？

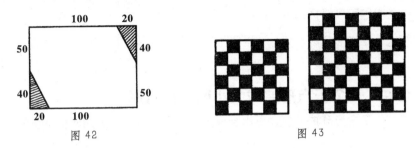

图 42　　　　　　　　　　　　图 43

087　两块方地毯

一个主妇有两块格子图案相同的方形地毯（如图 43），一块大小为 60cm×60cm，另一块为 80cm×80cm。她想用这两块地毯做一个 100cm×100cm 的地毯。

地毯工同意了，两人约好：两块地毯都不能裁成三块以上，而且不能剪破任何一个格子。

地毯工要怎么裁？

088　玫瑰图案的地毯

一块长方形地毯上有 7 朵玫瑰花（如图 44），只许直沿线裁三刀，要把地毯裁成 7 块，并且每块上都有一朵玫瑰花，怎么裁？

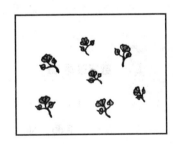

图 44

089　把正方形分成 20 个全等三角形

把一个正方形裁成 20 个全等三角形，然后再试着拼成 5 个全等正方形。

090　十字形变正方形

把 5 个小正方组成的十字形分成几部分，再组合成一个正方形。

091 一个正方形变三个全等正方形

将一个正方形分成 7 部分，再组合成三个全等正方形。

这类问题可以概括如下：

把一个正方形分成几部分，接着再拼成几个全等的正方形。

092 一个正方形变成大小两个正方形

将一个正方形分成 8 块，再组合成大小两个正方形，大的面积是小的面积的 2 倍。

093 一个正方形变成大中小三个正方形

将一个正方形分成 8 部分，然后将这 8 部分组合成大中小三个正方形，面积之比为 4：3：2。

094 六边形变正方形

把一个正六边形分成 5 部分，再组合成一个正方形。

数学漫画 ⑪

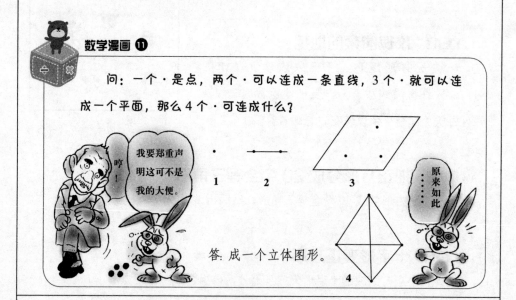

问：一个·是点，两个·可以连成一条直线，3 个·就可以连成一个平面，那么 4 个·可连成什么？

答：成一个立体图形。

第八章
图形的魔术

095 消失的线

如图 45 所示，在长方形的纸上画出 13 条等长的线段，然后从左上端到右下端画一条线 MN，沿着 MN 将长方形分成两部分，接着将这两部分如图 46 那样分别左右错开一下，有趣的事情发生了：13 条线变 12 条线了！消失了一条线！想想看，那条线去哪儿了？

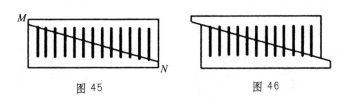

图 45   图 46

其实，如果量一下两个图的线段长度，就会发现图 46 中的每条线段比图 45 的长 $\frac{1}{12}$，第 13 条线并没有神秘消失，只是平分给了其余 12 条线，每条分到 $\frac{1}{12}$ 而已。如果用几何学知识来解释也很容易。来看直线 MN 和左右两个平行边的上端所形成的角度、平行边横断角的内部，以及它们相交的状态。由于两个三角形相似，MN

从第二条线切掉 $\frac{1}{12}$，第三条线切掉 $\frac{2}{12}$，第四条线切掉 $\frac{3}{12}$…直到第 13 条线为止，接着移动两张纸，这样从第二条线开始，每条线被切掉的部分，都会加在前面一条线的上方，每条线都比原来长了 $\frac{1}{12}$，但因为增加的只是微小的一部分，乍看之下难以发觉，这样一来，第 13 条线就好像神秘地消失了似的。

为了进一步理解，可以如图 47 一样把纸切开，把 13 条线按圆周排列，固定重心使其能够自由旋转，然后转动一下圆周，就会和前面一样，消失了一条线（如图 48）。

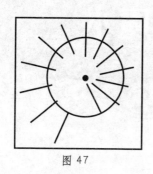

图 47

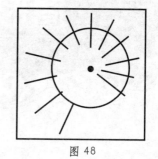

图 48

096 小丑转盘

原理与 95 题相同，图 49 中的 (a) 和 (b) 是个很有趣的游戏。

转盘上本来有 13 个小丑，但每转动一次转盘，就变成 12 个小丑，一个小丑消失不见了！原本在圆圈里侧向同伴挑战的那个小丑去哪儿了呢？

如果没有前面的例子，那么小丑的消失一定会让大家觉得不可思议。不过现在我们已经了解了原理，马上就知道，他和那条"消失"的线一样，被分解到了 12 个同伴中间。

a　　　　图 49　　　　*b*

把 95 题和 96 题的图剪下来贴在纸上，然后小心地用美工刀从圆圈的里面沿圆周切开，再把长方形沿直线 *MN* 切开，这样就能做出图 50 所示的三个好玩的游戏道具了。

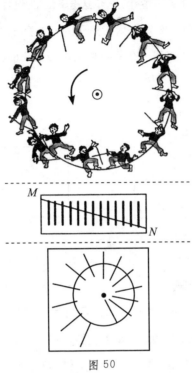

图 50

097 奇妙的修补

一艘木船在航行中船底破了个长 13cm、宽 5cm 的长方形破洞，破洞面积为 $13×5＝65cm^2$。

船上的工匠找到一块边长 8cm 的正方形木板（面积为 $8cm×8cm=64cm^2$），分割成如图 51（*a*）所示的 *A*、*B*、*C*、*D* 四部分，然后再拼成与破洞符合的

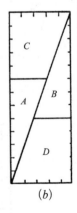

（*a*）　　　图 51　　　（*b*）

长方形，如图 51（*b*）所示，用它堵住了破洞。也就是说，工匠把 $64cm^2$ 的正方形木板改成了 $65cm^2$ 的长方形木板，他是怎么做到的？

098 另一种魔术

还有一种魔术,能让正方形变小。一个边长8cm面积为64的正方形,如图52(a)那样分成三部分,其中最小部分直角三角形的一条直角边边长为1,然后再像图52(b)那样拼起来,就能得到一个面积为 7cm×9cm＝63cm² 的长方形。这是怎么回事呢?

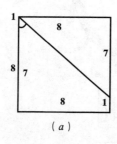
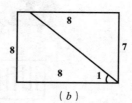

（a）　　　　　　（b）

图 52

099 类似的问题

把一个长13cm、宽11cm的长方形沿着对角线切开,如图53(a)所示,将三角形沿着对角线移到图53(b)所示的位置,这样就变成了边长为12cm的正方形 VRXS 和两个面积为 0.5cm² 的三角形 RPQ 和 STU。因此图53(b)的面积为

$12×12 + 2×0.5 = 145$ （cm²）

可是,原来长方形的面积只有

$13×11 = 143$ （cm²）

这是为什么呢?

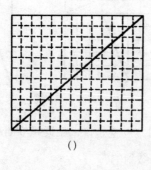
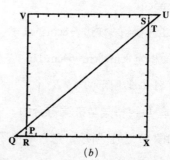

（）　　　　　　（b）

图 53

100 地球与柑橘

假如用一条绳子绕地球赤道一圈，再用一条绳子绕柑橘最大围一圈，现在把这两条绳子各加长 1m，那么绳子就不会紧贴着地球和柑橘了，之间会有一些空隙，请问：地球和绳子之间的空隙、柑橘和绳子之间的空隙，哪个更大一些？

数学漫画 ⑫

问：神奇的摩比斯环是为什么目的做出来的？

①为了证明宇宙是扭曲的；

②纯粹好玩；

③作为无法明确方向的曲面例子之用。

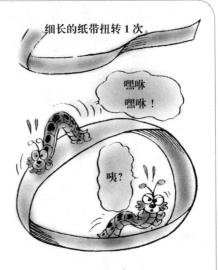

细长的纸带扭转 1 次。

嘿咻 嘿咻！

咦？

答：③作为无法明确方向的曲面例子之用。

★用笔在摩比斯环上画一圈，你会发现两面都能画出线来，这使人想到二维还是三维的问题。

将两端的表面与背面粘合。

第九章

猜数字游戏

首先要解释一下何为猜数字游戏。

当然，这里的猜不是瞎猜，而是一个求解的过程。首先，让游戏对方想好一个数字，不要说出来，接着让对方用这个数做一些运算，然后把结果说出来，这时猜的一方就能根据结果猜出对方想好的是什么数。

可以根据个人喜好来设置问题的形式，使其更加有趣。同时也可以根据孩子的能力，设定简单或复杂的数字，采用这个游戏来逐渐培养孩子的心算能力。实际上，这个游戏的理论基础非常简单，下面会用一些简单的例子来说明。当然，如果有读者认为这部分说明太复杂不愿了解的话，也可以直接去看问题并找出正确答案，然后凭自己的能力找出所有问题的答案。

希望大家能够看出这里所描述的大多都是问题中不太有趣的架构部分，读者可以依据这里列出的各种条件，凭自己的想象加以发挥和运用。

101　猜数字

如图 54，将数字 1 至 12 按圆形排列，利用它可以很容易地猜出对方设定好的数字。

实际上，可以用钟、表这样的物品来做这个游戏，让对方先想好一个时间。另外，也可以用骨牌来猜。那么，到底要怎么来猜呢？

游戏开始，先请对方想好一个圆圈上的数字，然后猜的人随意指定一个圆圈上的数字，请对方在这个数字上加上 12（圆圈的最大数），然后大声说出答案。接着，让对方从他设想好的那个数开始默数到刚才的答案，同时从猜的人指定的数字开始，逆时针方向用手指一个一个数下去，直到刚才念出的答案，最后指向的数字就是他开始设想好的那个数。

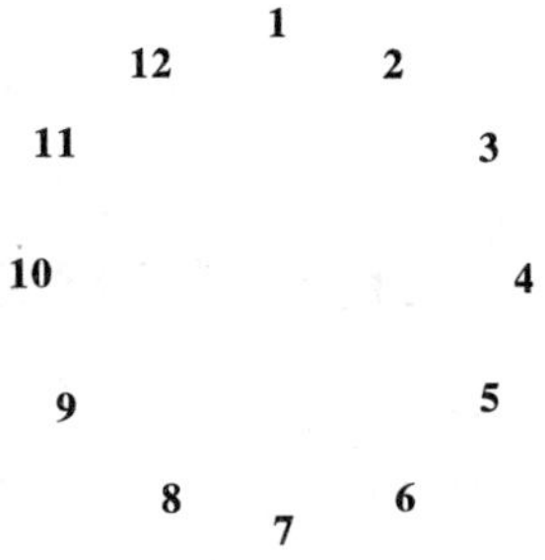

举个例子，假设对方设定数字 5，而你（猜数的人）指定 9，9＋12＝21，你心算出这个答案后，要求对方：

"从你想好的数字开始默数到 21，同时，你的手指从表盘上的 9 开始逆时针数，到 21 时把你手指的数字告诉我。"

如此，当对方数到 21 时，手指刚好指在他所设定的 5。

还可以让游戏显得更神奇一些。

首先还是让对方设定一个数字（假设是 5），你指定 9，你心算出 9＋12＝21，然后说：

"现在我开始用手打拍子，我每打一拍，你就把设定的数加上 1，一直加到 21 你喊停好不好？"

接下来，对方在心里默数 5，6，7，…，你也按 9，8，7…，1，12，11…，的顺序打拍子，他数到 21 喊停时，你刚好数到 5。

"你设定的数字是 5，对不对？"

对方肯定非常惊讶，"对呀，你怎么知道的？"

图 54

12 1 2
11 3
10 4
9 5
8 7 6

102 还剩多少

你让对方两手各拿相同数量的东西（比如火柴棒），但是规定每只手所拿的

数量不低于某个数 b，这个数 b 不告诉你是多少。接下来，你让对方从右手转移你指定的数量到左手去（假定这个数为 a，a 一定小于 b），然后让对方从左手去掉右手所剩余的数量，再把右手里的东西放到一边。这时，你就能肯定对方左手里剩下 $2a$ 个东西，怎么回事？

103　差距是多少

让对方想好一个两位整数，然后将它的个位和十位位置互换，算出新数和原数的差距，告诉你差距的个位数，你就能立刻猜出差距是多少，为什么？

104　商是多少

让对方选定一个 3 位整数，但是整数的个位和百位是由你确定的，然后把个位和百位数字互换，得出一个新数，用新数和旧数中较大的一个减去较小的一个，你立刻就能说出这个差数一定能被 9 整除，并且能说出被 9 整除时的商是多少，为什么？

105　数字 1089

可以把前面的游戏改编成对孩子们而言更有趣的形式。

在一张纸上写上 1089，然后把纸装进信封并且封好。让对方在信封上写下一个三位数，要求个位和百位的数字不能相同，而且差距要在 2 以上，然后把个位和百位的数字交换位置，算出原数和新数的差值，接着把差值两端的数字交换位置，所得的数再加上差值，算出答案后打开信封，就会发现答案刚好就是 1089，为什么？

106　设定的数是多少

让对方设定一个数字，用这个数乘以 2，再加上 5，接着再乘以 5，再加上 10，再乘以 10，然后说出答案，把答案减去 350，就会发现结果刚好是设定那个数的 100 倍，为什么？

例如：对方设定的数为 3，3 乘以 2 得 6，加 5 得 11，乘 5 得 55，加 10 得 65，乘 10 得 650，650 减去 350 得 300，刚好是 3 的 100 倍，所以原来设定的数就是 3。为什么？

107　神奇的数字表

下表是一个将 1 至 31 的数按某种规则写成 5 列的数字表，这个表有很神奇的特点。

首先设定一个小于 31 的数，然后告诉我它位于表中的哪几列，我不用看表就能立刻猜出这个数是几。

比如：设定数字 27，告诉我它位于表中第 1、第 2、第 4、第 5 列，我不用看表就能猜出这个数字是 27。

可以用这个表做出一把魔术扇子，把表中的 5 列数字分别写在扇子的 5 根棱上，就可以用它变魔术了。让对方设定一个数，告诉你这个数在扇子的第几根棱上，你就能猜出他设定的是哪个数。为什么呢？

5	4	3	2	1
16	8	4	2	1
17	9	5	3	3
18	10	6	6	5
19	11	7	7	7
20	12	12	10	9
21	13	13	11	11
22	14	14	14	13
23	15	15	15	15
24	24	20	18	17
25	25	22	22	21
26	26	22	22	21
27	27	23	23	23
28	28	28	26	25
29	29	29	27	27
30	30	30	30	29
31	31	31	31	31
16	8	4	2	1

108 偶数的猜法

选定一个偶数，然后用这个数乘以 3，再除以 2，再乘以 3，再除以 9，告诉我得数是多少，我就能猜出选定的这个偶数是多少。

比如，选定一个偶数 6，乘以 3 得 18，18 除以 2 得 9，9 乘以 3 的 27，27 除以 9 得 3，这个数字刚好是 6 的一半。

这个魔术其实并不仅限于偶数，其实任意整数都可以，只是需要做一点小小的变动。

当设定的数乘以 3 后不能被 2 整除时，先把所得的乘积加 1 再除以 2，接着再按同样的方式计算，在最后一步乘以 2 得出对方设定的数时，还得再加上 1。

比如，设定的数字为 5，5 乘 3 得 15，不能被 2 整除，得加上 1 得 16 再除以 2，得数 8 乘以 3 得 24，24 无法被 9 除尽，其商数为 2，用 2 乘以 2 再加上 1，就得原来设定的数 5。

在向别人表演这个魔术的时候，对方在乘以 3 再除以 2 时如不能整除，一定会问你该怎么办，这样你就知道在最后计算时要加上 1 才能得出设定好的那个数。要不然你就先问对方设定的数能否被 2 整除，但是得让对方相信你这样问只是为了方便计算。

109 前题的进化版

用所设定的数乘以 3，再除以 2，无法整除时，就把乘积加 1 再除以 2（此为第一次），所得结果乘以 3 再除以 2，假如还和前面一样无法整除，就先加 1 再除以 2（此为第二次），得数除以 9 再乘以 4 之后，如果只有第一次无法被 2 整除，那么答案要加 1；如果只有第二次无法被 2 整除，那么答案要加 2；如果两次都无法被 2 整除，那么答案要加 3。

例如：设定一个数 7，乘 3 得 21，无法被 2 整除需加 1 再除以 2（第一次），22÷2 得 11，11 乘 3 得 33，还是无法被 2 整除，要加 1 再除以 2（第二次），34÷2 得 17，17 除以 9 商数为 1（虽然有余数，但不去管它），1 乘以 4 得 4，因为有两次无法被 2 整除的情况，所以答案要加 3，4+3=7，设定的数是 7。

数学漫画 **⑬**

问：陆地上的1公里和海上的1海里，哪个更长？

答：陆地上的1公里为1000米，海上的1海里则为地球中心角1分的地球表面距离，约1852米，因此海里更长。

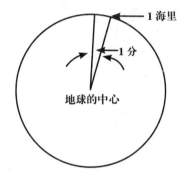

110 一种变化

首先确定一个数，用它加上它本身的一半，再将其和加上和的一半，再除以9，让对方告诉你商数是多少，把商数乘以4，再像上题那样，根据第一次和第二次除以2是否需要加1进行调整，只有第一次无法被2整除，答案要加1；只有第二次无法被2整除，答案要加2；如果两次都无法被2整除，答案要加3，这样就可以得出设定的数。

比如，设定一个数10，加上本身的一半（第一次能被2整除）得15，15加15的一半（第二次不能被2整除），变成15＋（15＋1）÷2得23，23除以9得

055

第九章 猜数字游戏

商为 2，2 乘以 4 得 8，只有第二次不能被 2 整除，答案要加 2，所以设定的数为 10（即 8+2）。

用奇数除以 2 时，得数总是有一边比另一边多 1，把前者称为"多一半"，后者称为"少一半"，由此可以发展出更为有趣的猜数游戏。

所设的数为偶数时，直接加上它本身的一半；如果所设的数为奇数，就加上"多一半"。结果为偶数就直接加上自己的一半；结果若是奇数，仍是加上"多一半"，再将得数除以 9。

先把商乘以 4，再问对方余数是否是 8，如果是，商乘以 4 再加 3 才是最初设定的数。

如果余数不是 8，要问对方余数是否大于 5，如果回答"是"，则商乘以 4 再加 2 是最初设定的数；如果余数没有大于 5，再问对方是否大于 3，若答案为肯定，那么，商乘以 4 再加 1 是最初设定的数。

大家应该很容易就想明白，本题和上题其实是一样的，把某数乘以 3 再除以 2，和某数加上其本身的一半，完全是一样的。

能深入了解各个问题该如何证明及问题本质的人，其实可以自己创造出类似的猜数字游戏。

比如：可以用设定的数字乘以 3，再除以 2，所得的商乘以 5 之后再除以 2，将得数除以 15，将商乘以 4，然后和之前的一样，在除以 2 的时候，如果第一次、第二次或两次都不能除尽需要加 1 的话，那么需要在商乘以 4 的基础上分别加 1、2 或 3，得出设定的数。

细心的读者可以自行证明。

此外，还可以用所设定的数乘以 5，再除以 2，再乘以 5，再除以 2，最后用得数除以 25，得到的商乘以 4，根据前面除以 2 的时候是否除尽，在结果上加 0、1、2 或 3。

总之，读者可将这一游戏进行各种变化创造出新的游戏来。

111 另一种变化

首先按照与前题相同的原则，用设定的数乘以3，再除以2（或者取"大一半"），得数再乘以3除以2（或者取"大一半"），这时不问对方所得答案除以9的商是多少，而是把答案隐藏一个数，其他的数都公布出来，如果数字中有0，0必须公布出来，而且，必须说明公布和保留的数字分别是答案的哪一位数。

接下来，解答的人把公布的数字全部相加，得到的和去减掉9，看一共能减几回，最后的余数反过来被9减，这样就能得出保留未公布的那一位数是多少了。如果得数为0，未公布的数就是9（即9－0）。当设定的数两次乘以3后除以2都能除尽时，就按前面的方法来求解。

如果只有第一次要加1才能被2整除的话，用对方公布的数字之和加上6，就可以得到结果；如果只有第二次要加1才能被2除尽的话，要用对方公布的数字之和加上4；如果两次都要加1，则要用对方公布的数字之和加1。

这个办法可以得到最后除以2所得数字中未公布的那个数字，也能知道除以2之后的商是多少，将其除以9，得出的商数乘以4，根据前面的规则，分别加1、2或3就可以得到开始设定的数。

例如，设定一个数24，24乘以3除以2，再乘以3除以2，所得结果为54，假如对方公布的是十位数5，那么9－5＝4，个位数就是4，得数就是54，用54除以9得6，则开始设定的数为4×6＝24。.

假如设定的数是25，25乘以3除以2，反复两次，得到数字57，因为第一次除以2时不能整除要加1，如果对方公布的是十位数5，就要用5加上6得11，11除以9余数是2，所以要用9减去2得到7，7就是未公布的个位数。用57除以9，商为6，6×4＋1＝25，这就是开始设定的数。

假如设定的数字反复两次乘以3除以2之后，得到的是一个三位数，其后两位数是13，在第二次乘以3除以2时，是加1才除尽的，此时把两数之和1＋3＝4再加上4，得数为8，用9减去8得1，1就是未公布的百位数，该数为113。用113除以9，商为12，设定的数就是12×4＋2＝50。

假如设定的数字反复两次乘以 3 除以 2 之后，结果是一个三位数，现在公布出来的百位数是 1，个位数是 7，同时两次除以 2 时都需要加 1 才能除尽。根据前面的规则，此时加 1 即可，即 $1+7+1=9$，9 减 9 等于 0，这样就得知所得的三位数中未公布的那个数字是 9，该三位数为 197。用 197 除以 9，商为 21，所设定的数就是 $21 \times 4 + 3 = 87$。

原理是什么？

112 其他方式

下面再介绍一种乍看起来复杂，实则非常简单的方法。

先设定一个数字 A，然后用另一个数 B 来乘以该数，所得的积再用另一个数 C 来除，得出的结果乘以某数 D，再用乘积除以另一个数 B，如此反复运算几回。数字 B、C、D 都由对方确定并且公布出来。

另一方面，你作为解答者，预先也设定一个数，然后和对方一起进行同样的运算，结束时对方的结果除以他设定的数，你的结果也除以你预先设定的数，这样得到的两个商应该是一样的。这时，请对方将所得的商加上设定数的和告诉你，你就可以用这个和减去你得出的商（等于对方的商），结果就是对方设定的那个数。

举个例子，对方设定一个数 5，用 5 乘以 4 得 20，再除以 2 得 10，10 再乘以 6 得 60，将最后的结果除以 4 得到数字 15。与此同时，你也设定一个数，比如说 4（最方便是设 1），然后跟对方进行相同的运算，4 乘 4 得 16，16 除以 2 得 8，8 再乘以 6 得 48，48 除以 4 得 12。对方用 15 除以所设数 5 的商等于 3，你用 12 除以你所设的数 4 商也是 3。

这时你假装不知道对方的结果，让对方把设定数加上最后一步求得的商之和告诉你，对方回答 8，你用 8 减去 3，差数 5 就是对方所设定的数。

问：马拉松比赛的距离为 42.195km，并不是一个整数，请问，这是为什么？

①是希腊的马拉松到雅典的距离；

②是第一届奥运会确定的距离；

③是第八届奥运会确定的距离。

42.195km

人类跑的速度太慢了。

答：③是第八届奥运会确定的距离。

★ 马拉松的起源——公元前 5 世纪时，波斯与希腊之间爆发了战争，雅典人在马拉松海边战胜波斯军队，一名士兵激动地从马拉松跑回雅典报捷后累死了。为了纪念这个故事，第一届奥运会将马拉松定为正式比赛项目，当时确定的距离是 35.750km。

第四届奥运会在伦敦举行，马拉松赛程是从温莎宫到运动会会场的女王座前，距离约为 42.195km。

从第八届奥运会开始，就正式确定马拉松比赛的距离为 42.195km。

113 猜几个数

Ⅰ.请对方设定奇数个数字，比如 3 个、5 个或 7 个数，然后把第一、二个数的和，第二、三个数的和，第三、四个数的和，等等，直到最后一个数和第一个数的和为止，依序告诉你。

把这些和数按顺序排列，然后把奇数位置的数（第一个、第三个、第五个……）加起来，再把偶数位置的数（第三个、第四个、第六个……）加起来，用后者减去前者，差值就是对方设定的第一个数的 2 倍，用它除以 2 就得到第一个设定的数，再用第一、二个数的和求出第二个数，用第二、三个数之和求出第三个数，依次，就可以求出所有设定的数。

这中间的原理是什么？

Ⅱ. 让对方设定偶数个数字，与前述一样，依序说出相邻两个数（第一和第二个、第二个和第三个等等）的和，直到最后一个数和第二个数的和为止（与前面Ⅰ中最后一个数和第一个数的和不同）。同样，把这些和数依序排列，把除第一个数以外的所有奇数位置的和加起来，再把偶数位置的和加起来，用后者减去前者，得到的差就是对方设定的第二个数的 2 倍。

这又是为什么呢？

114 无线索猜数

首先请对方设定一个数字，让他用这个数乘以你指定的一个数，再用乘积加上你说的另一个数，再接着除以某个数得到一个结果。与此同时，你也要默默心算，把你指定的乘数除以你指定的除数得到一个数，让对方把所设定的数乘以这个数，再把乘积从刚才的结果中扣除，其差值与你刚才指定的加数除以你指定的除数，所得的商相等。

是什么原因？

举例来说，对方设定一个数 6，按你指定的数，乘以 4 得 24，加上 15 等于 39，再除以 3 得 13，同时你心算出 4 除以 3 得 $\frac{4}{3}$，你就让对方用所设定的数 6 乘以 $\frac{4}{3}$ 得 8，从刚才得到的结果 13 里减去 8 得 5，这和你指定的加数 15 除以你指定的除数 3 的结果 5 相等。

这里是把问题用最简单的形式来表示，但有时还需要用到如下的特殊形式：首先让对方用设定的数字乘以 2，用积数加上任意一个偶数，然后把结果再除以 2，所得的商减去原来设定的数，差值刚好等于刚才所加偶数的一半。显然，还是一般形式的问题更加有趣，还可以练习分数，如果不喜欢分数，只需要选择不会成为分数的数字就可以了，既方便又有趣。

115 谁选了偶数

首先，设定一个奇数、一个偶数，两个人任选其一，接下来就要猜出哪个人选了偶数？哪个人选了奇数？

比如，让彼得和伊凡看 9 和 10 两个数，然后各自选一个不让你知道。为了猜出谁拿哪个数，你也要确定一个偶数一个奇数，比如 2 和 3，让彼得用他的数乘以 2、伊凡用他的数乘以 3，让他们把两个乘积的和告诉你，或者告诉你和为偶数还是奇数。假如和是偶数，很明显 3 所乘的必须是偶数，所以伊凡选的是 10，彼得则是 9。反之，如果和是奇数，那么 3 乘的数，也就是伊凡选的数必然是奇数。

为什么呢？

116　有关两数互质的问题

比如，选择 9 和 7 这两个数，它们除了 1 以外没有公因数，而且其中一个数 9 不是质数，请两个朋友分别选择其中一个，不让你知道。为了猜出答案，你也要选择两个数，这两个数也除了 1 以外没有公因数，而且其中一个要是前面那个非质数的因数，比如 2 和 3。让他们两人分别用所选的数乘以 2 或 3（两人不可选同一个数），然后告诉你乘积的和，或者告诉你和能否被 3（你选的那个非质数的因数）除尽，你就能猜出他们两人各自选的是哪个数了。如果和能被 3 整除，那么和需要具有 3 的因数，所以是 7×3；反之，如果和不能被 3 整除，那么就是 9×3。即便选择的数字不同，但只要满足上述条件，那么结果也是一样的。

为什么呢？

117　猜猜有几个数

首先，设定几个 9 以下的个位数，用设定的第一个数乘以 2，乘积加上 5，和再乘以 5，积数再加 10，然后加上设定的第二个数，乘以 10，用乘积再加上设定的第三个数，其和乘以 10 再加上设定的第四个数，以此类推，直到加到最后一个设定的数为止。

请对方说出最后的和，和是几位数就表示开始设定了几个个位数。和是两位数意味着所设定的数是两个，用和减去 35，所得差按顺序，十位数是对方设定的第一个数，个位数为设定的第二个数。如果和是三位数，那么设定的数有 3 个，将和减去 350，所得差按顺序，百位数是第一个数，十位数是第二个数，个位是第三个数。同理，和是四位数，设定的数有 4 个，用和减去 3500，差值的千位、百位、十位、各位分别是设定的第 1、2、3、4 个数。按上述办法，和是 5 位数就设定了 5 个数字，用和减去 35000 就可解除这 5 个数字。

例如，设定 3，5，8，2 四个数，用第一个数 3 乘以 2 得 6，6 加 5 得 11，11 乘以 5 得 55，55 加 10 得 65，这时用 65 加第二个数 5 得 70，70 乘以 10 得 700，700 加上第三个数 8 得 708，乘以 10 得 7080，再加上第四个数 2 得 7082。当对方把这个数告诉你后，你可知设定了 4 个数，用 7082 减去 3500 得 3582，依次就是设定的四个数 3，5，8，2。

这是为什么呢？

这里是问题的一般形式，还可以根据不同场合的需要加以变化。比如在玩掷骰子游戏时，用这个原理不用看就能知道掷出的点数是多少，而且因为骰子的最大数为 6，猜测起来更容易，规则和前面所讲的一样。

数学漫画 ⑮

在中国，一周称为一星期

问：一周 7 天是怎么来的？

① 根据《圣经·旧约》中上帝 7 天创造世界而来；

② 根据月亮的变化而来；

③ 不确定。

答：③ 不确定。

一周 7 天的确切来源无从可考。

★ 月亮变化说——古人以月亮的盈亏变化来记月历，并且定新月至上弦月为 7 日、上弦月至满月为 7 日、满月至下弦月为 7 日、下弦月至新月为 7 日。一周 7 天的说法由此而来。

★ 罗马时代是用所知的行星——水星、金星、火星、木星、土星，加上日、月，共 7 天，定为一周。

★ 也有说法认为，一周 7 天是根据《圣经·旧约》中记载——上帝 6 天创造世界，第 7 天休息——而来。

★ 也有可能是综合以上说法，才决定一周 7 天。

118 用 3 个 5 表示 1

给 3 个 5 加上运算符号使其得 1。

如果从没做过这类题目，可能要花点时间去想一想。除了 $1=(\dfrac{5}{5})^{5}$ 之外，还有没有别的答案？

119 用 3 个 5 表示 2

用运算符把 3 个 5 表示成 2。

120 用 3 个 5 表示 4

怎么把 3 个 5 表示成 4？

121 用 3 个 5 表示 5

怎么用 3 个 5 表示 5？

122 用 3 个 5 表示 0

怎么用 3 个 5 表示 0？

123 用 5 个 3 表示 31

怎么把 5 个 3 表示成 31？

124 公交车票

一个人乘坐公交车，车票号码是 524127，试试看保持数字顺序不变，在各个数字中间加上适当的运算符号，使得运算结果为 100。

长途旅行时，可以用这种方式从自己的车票号码得出 100，这会是一个消磨时间的好办法。如果你有旅伴的话，可以比比看谁先完成。

125 谁先说出 100

两个人，轮流说一个不大于 10 的自然数，把这些数字相加得和，最先使结果得 100 的人获胜。

例如，第一个人说"7"，对方说"10"，两人的和为"17"，第一人又说"8"，累计和为 25，对方接着再说，这样轮流说，谁先使结果得 100 谁就赢了。

那么，怎么才能先得出"100"呢？

126 扩展问题

前面的问题还可以扩展为：

两个人轮流说小于约定的一个数的数字，把这些数字累加，最先得出某个约定的数字的人获胜。能保证最先达到约定的数从而获胜的办法是什么呢？

127 每两支分一组

如图 55，把十支火柴棒摆成一行，移动火柴棒使其排列成两两分开的形状，

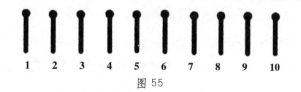

图 55

要求移动时，火柴棒必须跳过两支火柴，和另一支火柴棒重叠才行，比如第一支火柴棒必须跳过第二、三支火柴棒和第四支重叠。

128　每3支分一组

15支火柴棒排成一行，要把它们每3支一组地分成5组，要求移动每一支火柴棒都必须跳过3支火柴和另一支火柴棒重叠，怎么移？

129　玩具金字塔

用木头或者纸板做出8个大小不同的圆盘，再做3个垂直固定的木棍，把每个圆盘中心掏洞然后按大小顺序套在第一根木棍上，这样一个八阶玩具金字塔就做好了（如图56上）。

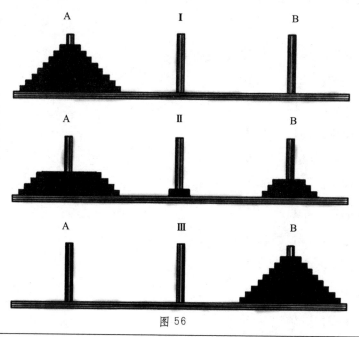

图 56

现在，要把金字塔从木棍 A 移到木棍 B 上，可以使用三根木棍作为辅助，但是移动时有如下规则：①一次只能移动一张圆盘；②圆盘只能单独套在木棍上或者套在更大的圆盘之上，任何时候，大圆盘都不能套在小圆盘上面。

把圆盘从 8 个改成 64 个，就成为古印度传说中的一个问题。据说，贝拿勒斯神殿的圆顶就是宇宙的中心，黄铜基座上固定着 3 根宝石棒，主神梵天在创造世界的时候，在第一根宝石棒上从下到上穿好了由大到小的 64 片纯金圆盘，不分昼夜，僧侣们轮流以第二根宝石棒为辅助，将圆盘移动到第三根宝石棒上去，规则是一次只能移动一片，不管在哪根棒上，小金盘必须在大金盘上面或者单独套在棒上。僧侣们预言，当所有的金盘都从第一根棒上移到第三根棒上时，世界末日就会来临……

130 有趣的火柴游戏

邀请一个朋友和你一起玩这个游戏吧！首先，在桌上摆好三堆火柴，数目依次为 12 支、10 支和 7 支；接着你们轮流开始取火柴，要求每次只能从一堆里取，整堆取走也可以，取到最后一支火柴的人获胜。比如，现在有 A、B 两个人，比赛过程如下：

最初：	12	10	7
A 取完：	12	10	6
B 取完：	12	7	6
A 取完：	1	7	6
B 取完：	1	5	6
A 取完：	1	5	4
B 取完：	1	3	4
A 取完：	1	3	2
B 取完：	1	2	2
A 取完：	0	2	2
B 取完：	0	1	2

A 取完：　0　　1　　1

B 取完：　0　　0　　1

轮到 A 取组后一支，所以 A 赢了。

怎样才能使 A 一定获胜呢？

数学漫画 ⑯

问：1，2，3，…称为自然数，它们好像是无限的，如何用数学方式证明自然数是无限的？

答：数学世界里的一切都需要证明才能确定其真实性，但无限个数字是没法一一列出的。

假定某个自然数为 n，一定存在 $n+1$ 这样一个自然数，所以，自然数是无限的。

第十一章
骨牌游戏

骨牌（多米诺骨牌）是一种长方形纸牌，每张骨牌分为上下两个部分，每个部分的点数介于 0 ~ 6 之间，如 0 与 0、0 与 1…，6 与 6 等，总共 28 种组合，用一副 28 张牌就可以玩下面的游戏了。

骨牌的起源：

据说，骨牌游戏自古希腊起源流传至今，游戏很简单，可以想象是产生在古代文明初期。对于游戏的名称说法很多，语言学家认为是从古代口语中演变而来的，下面是其中可信度最高的一种说法。据说，游戏名称多米诺是从天主教修道院的宗教团体活动中产生的，他们凡事都以"赞美主"开始，玩牌的人在出第一张牌之前，要说 *Benedictie domino*（荣耀的主）或者 *Domino gracious*（感谢主），最后这种游戏就被简称为了 *Domino* 骨牌。

131 移动了几张牌

10 张骨牌按 1，2，3，…，10 的顺序从左到右排成一排，牌面朝下地扣在桌上，接着"魔术师"告诉其他人，我现在去另外一个房间，你们可以趁机把任意数量的骨牌从右边移到左边，但是移过去的牌顺序保持不变，一会儿我回来后，不仅能猜出你们移动了几张牌，还能翻开点数与移动张数相同的那张牌。

其实，翻出来的牌一定是对的，但这并不是猜的或者是魔法，而是一个从1到10的简单计算而已。

下面我们来说明计算的方法，首先把扣着的牌翻开还按原来的顺序排列，如图57。

图 57

"魔术师"离开房间后，其他人将右侧的四张牌不改变前后顺序的情况下逐次移动到左侧，如图58所示。

图 58

显然，最左侧4点的那张牌表示出了移动的骨牌张数，"魔术师"只要掀开这张牌，之后说："4张骨牌被移动了！"就可以了。虽然掀开左侧那张骨牌才能知道问题的答案，但"魔术师"会宣称自己早已经知道答案，只是为了证明才翻开那张4点的骨牌，这样做可以使人感觉更加神秘有趣。

为了让"魔术"更加神秘，"魔术师"记住最左端牌点数4之后再次离开房间，其他人在不改变牌的顺序的情况下可以任意将右侧的牌移至左侧。"魔术师"回来后，翻开左数第五张牌（4+1=5），这张牌的点数肯定就是所移动的张数。例如，右侧三张牌被移至左侧，新的排列顺序就如图59所示，那么左数第五张牌

图 59

的点数恰好就是移动的张数。然后"魔术师"把这张牌重新扣起来放回原位，此时，不用翻开也能知道最左端的牌点数为 7，"魔术师"记牢这个数以后，再次离开房间，其他人接着按同样的方式将牌从右侧移至左侧，"魔术师"回来只要翻开第八张牌（7 + 1 = 8）就能知道移动了几张牌了。

一般而言，只需要知道最左端那张牌的点数，从左数翻开点数加 1 的那张牌，那张牌的点数就是移动过的牌的张数。

此外，翻开的那张牌的点数与其顺序编号的和，就是下次回到房间时应翻开的骨牌顺序号（和大于 10 时，需要减去 10）。知道了这一点，问题就更简单了，比如现在翻开的是上面有 3 点的第五张牌，那么下次回来要翻开的就是第八张牌（3 + 5 = 8）。

虽然谜底揭晓了很简单，每个人都能做到，但在不知道的时候还是挺唬人的。

132 百发百中

准备好 25 张骨牌，面朝下扣在桌上排成一行，接着你转过身去或者去另一个房间，在这期间其他人可将右侧的牌不改变顺序地移到左边（最多移 12 张），你回来后直接翻开一张点数等于移动张数的牌。

为什么？

133 骨牌点数之和

一副骨牌的点数之和是多少？

134 骨牌的余兴游戏

将上下点数相同的骨牌取出不用，其余的骨牌面向下扣在桌上，任意藏起其中一张牌，接着让游戏对方翻开桌上任意一张牌，面向上放在桌上，然后把所有的牌都翻开，以最先翻开的那张牌为排头按骨牌的游戏规则顺序排列。这时，你就能预测排列最后出现的点数，你之前藏起来的那张牌的点数与你预测的点数相同。

事实上，将骨牌按游戏规则顺序排列，那么最后一张的点数必然和第一张相同，例如，第一张是 5 点，最后结束也必然是 5 点。把 10 点的牌取出，剩余 21 张牌按游戏规则排成一个圆形，如果从中拿出（3，5）那张牌，很显然，其余 20 张的排列，一端为 5 点，另一端为 3 点。

这种余兴游戏要表现得好像很费力地在脑中计算似的，这样观众才会觉得有趣。第二轮游戏开始时，多一些变化，以不同的形式来表现才能保持新鲜感。

135　最大得分

假设现在有四个人一起玩骨牌，每个人分别计分。游戏开始时，每个参赛者手中各拿 7 张牌，这时就会出现一个有趣的现象，那就是第一个参赛者必胜无疑，而第二个、第三个参赛者却连一手牌都打不出来。例如：

第一个参赛者拿到的牌如下：（0，0）（0，1）（0，2）（0，3）（1，4）（1，5）（1，6）。

第四个参赛者手里的牌为：（1，1）（1，2）（1，3）（0，4）（0，5）（0，6）及一张不明点数的牌。

其余的牌则分别在第二个和第三个参赛者手里，在这种情况下，第一个参赛者在上述 13 张牌出现后获胜，而第二个和第三个参赛者手上的牌却一张也打不出来。

再具体一点说，游戏一开始，第一个参赛者打出（0，0），第二个和第三个参赛者因手上无牌可接，只能 pass，轮到第四个参赛者打出（0，4）（0，5）（0，6）三张牌中的一张；接着第一个参赛者打出（1，4）（1，5）（1，6）中的一张，第二个和第三个参赛者仍是无牌可接而 *pass*，第四个参赛者打出（1，1）、（1，2）或（1，3）；第一个参赛者接着打出（1，0）（2，0）或（3，0），如此这样将手上的牌全部打出。而第二个和第三个参赛者手上的牌则原封未动，第四个参赛者手上会剩下一张牌。我们来计算一下分数，已经打出的牌点数合计为 48，而四个参赛者的点数合计为 168，那么，第一个参赛者在游戏中的点数为 120（168 － 48），也是最高分。

其他的分配方式也可以获得不同的胜利，但想要达成这样的目的，上述分配方式中 0 和 1 的牌，都要以 2，3，4，5 或 6 来代替，这样配合得到的分数，都和从 7 中扣掉 2 的配合分数相等，都等于 21。显然，得到这样牌的概率很低，而且，这里所说的其他胜利，得分都小于 120。

136 用8张骨牌做成正方形

用 8 张骨牌做成一个正方形，要求任何一条横切正方形的直线，都至少与一张骨牌相交。如图 60 那样排列的正方形，因为直线 *AB* 不会和任何一张骨牌相交，所以不符合要求。

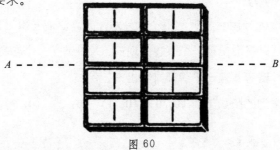

图 60

137　用18张骨牌做成正方形

与上面要求相同，试试用 18 张骨牌做成一个正方形。

138　用15张骨牌做成正方形

同样，将 15 张骨牌做成一个正方形看看。

数学漫画 ⑰

问：负数的平方是正数，有平方后仍为负数的数吗？

答：实际生活中不存在，但在数学理论里有，称为虚数，英文是 imaginary number，因此用首字母 i 来表示。

我是虚数。

第十二章
黑白棋

139 改变排列方式

如图 61，将 4 个白棋、4 个黑棋排成一行，然后将黑棋移到 1、2、3、4 的格子里、黑棋移到 6、7、8、9 的格子里，要求：①每个棋子只能跳过一个棋子或者向旁边移一个格；②所有的棋子都不能回到原来走过的格子里；③每个格子只能放一个棋子；④先从白棋开始。

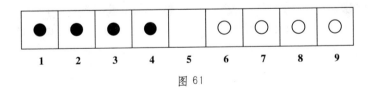

图 61

140 四对棋子

把 4 个白棋、4 个黑棋按白、黑、白、黑……的顺序排行一行，在不改变顺序的情况下，每回移动两个棋子（向左或向右跳过其他棋子），移动 4 回之后，使得 4 个黑棋在左、4 个白棋在右（中间不能有间隔）地排成一行。

141 五对棋子

将 5 个白棋、5 个黑棋按白、黑、白、黑……的顺序排行一行，与上题要求一样，每回移动两个棋子，移动 5 回之后，排成 5 个黑棋在左、5 个白棋在右的状态（中间不能有空格）。

142 六对棋子

6 个白棋、6 个黑棋按白、黑、白、黑……的顺序排行一行（如图 62），同题 141，每回移动两个棋子，移动 6 回之后，使得 6 个黑棋在左、6 个白棋在右，无间隔地排成一行。

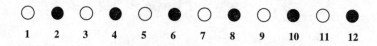

图 62

143 七对棋子

现在有 7 个白棋、7 个黑棋按白、黑、白、黑……的顺序排行一行（如图 63），同题 141，每回移动两个棋子，移动 7 回之后，使得 7 个黑棋在左、7 个白棋在右，无间隔地排成一行。

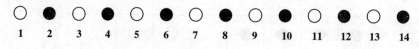

图 63

144 在 5 条线上摆 10 个棋子

在纸上画出 5 条直线，把 10 个棋子分别放在线上，使得每条直线上有 4 个棋子。

145 有趣的排列

12 个白棋、12 个黑棋按某一顺序排成一行或者一个圆圈，要求从第一个棋子开始数，数到第七个棋子就将其取走，如此反复，直到将白棋全部取走、黑棋全部留在原位为止。请问，原来的顺序是怎样的？

数学漫画 ⑱

问：职业棒球所用的球，使用软木包上橡胶做芯，卷上毛线，再用白色的马皮或者牛皮包裹其上，缝合而成。缝合的针数有规定，是108针，这是真的吗？

答：真的。

★职业棒球的重量为141.8g至148.8g，周长为22.9~23.5cm。后来因为有些球飞得太高，就在1981年，将原来以目测方式进行的反弹力测验改为用测定器来测验。

第十三章
国际象棋的问题

　　题 **129** 里的数字游戏，还有另外一个传说，也是起源于印度。据阿拉伯作家阿莎记载：

　　为了给国王消遣，宰相西萨创造了国际象棋的游戏，这种游戏里国王虽然重要，但还是需要士兵和护卫的协助才能获得胜利。国王非常喜欢这个游戏。为了答谢西萨，国王爽快地说："你要什么，我就给你什么！"

　　西萨回答说："那么，就请陛下在棋盘的第一格里放一粒麦子，第二格里放两粒麦子，第三格里放 4 粒麦子，第四格里放 8 粒麦子……以此类推直到第 64 格为止，赏这些麦子给我就行了。"

　　国王在答应之后，很快就发现这个要求根本就是无法完成的，因为所需要的麦子加起来高达 20 位数，就是把全印度甚至全世界的麦粒全拿来，也满足不了西萨的要求。这个传说告诉我们，"你要什么，我就给你什么！"说起来虽然简单，做起来可就不那么容易了！

　　在这个故事里面提到的国际象棋，总共有 8×8＝64 个格子，交替涂上黑白两色，棋子也分为黑白两色，执白棋的人先行。棋子的角色双方各有 6 种，其中，骑士只能向前后或左右四个方向跳，而王后还可以斜着任意跳格，能行进 8 个方向。

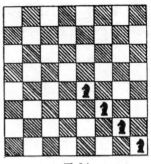

146 四位骑士

如图 64，现在棋盘上有四位骑士，按规则移动 4 位骑士，将棋盘分成形态相同的 4 个部分，每个部分都有一位骑士。

图 64

147 士兵与骑士

在棋盘的第一个空格里放一个士兵，接着将另一个格子里的骑士移动到其他空格，每个空格各走一回，然后回到出发点的格子里。

148 两个士兵与骑士

在棋盘对角线两个顶端的格子里各放一个士兵，然后与题 147 一样，看看能不能让骑士沿其他空格走一圈。

149 骑士之旅

能不能让骑士在棋盘中间的 16 个格子里各走一回，然后回到出发点？

150 独角仙

假设有 25 只独角仙，被放在大型国际象棋棋盘上 5×5 的格子里（如图 65），每个格子放一只，如果所有独角仙都会往水平或垂直的方向进入相邻的格子里，那么此时会不会出现空的格子？

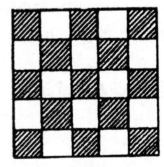

图 65

151 整个棋盘上的独角仙

假如现在用的是整个大型的国际象棋棋盘，那么，题 150 的答案会是怎样的？

152 封闭路线的独角仙

一只独角仙被放在国际象棋棋盘的任意一个空格里，假设它只能向横着或者竖着两个方向移动到隔壁的空格里，每个格子只许走一遍。请问，独角仙能否将整个棋盘走一遍？

153 士兵和骨牌

假设有一个国际象棋盘和 32 张骨牌，骨牌刚好是棋盘里两个格子那么大，将一个士兵放在棋盘的任意一个格子里，然后用骨牌把棋盘上剩余的地方都覆盖起来，注意骨牌不能叠加，能否做到呢？

154 两个士兵和骨牌

在棋盘对角线两端的格子里各放一个士兵，与题 153 条件相同，用骨牌将棋盘剩余的部分都覆盖，能成功吗？

155 同样的两个士兵和骨牌

两个士兵分别放在黑、白两个格子里，用骨牌覆盖剩余的部分，能否成功？

156 国际象棋和骨牌

一个国际象棋棋盘上至少要放多少个棋子，才能使得一张骨牌都摆不上去？

157 八个王后

将八个王后放在 64 格的国际象棋棋盘上，要求：每 8 个格子里有一位王后，而且每条纵线、横线、斜线只能有一位王后。摆摆看，总共有几种摆法？

著名的德国数学家高斯也曾经研究过这个问题。

答案是，共有 92 种。大家试试看，能不能找出所有这 92 种摆法。图 66 是其中一个答案，我们用一串数字（68241753）来表示这一答案。

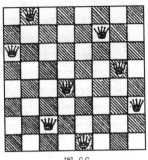

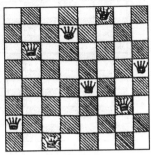

图 66   图 67

这串数字分别表示王后在棋盘上每一列所在的格子位置，如第一个数字"6"，表示王后在第一列从下往上数第六个格子；第二个数字"8"表示王后在第二列从下往上数第八个格子，以此类推。以下，我们用"列"来表示纵列，用"行"来表示从下往上数的横行数，那么，图 66 所示的答案可以表示成：

(A)　行：6 8 2 4 1 7 5 3

　　　列：1 2 3 4 5 6 7 8

接着我们把棋盘逆时针方向旋转 90°，就可以引出另一个答案（图 67）。

将答案（A）中的行的数字改成从大到小排列，列的数字随之调整，如下：

(B)　行：8 7 6 5 4 3 2 1

　　　列：2 6 1 7 4 8 3 5

列的数字（26174835）就是答案（A）对应的答案（B）。

接下来把图 67 逆时针旋转 90°成图 68，图 68 再逆时针旋转 90°成图 69。利用数字的转换，就能再得出答案（C）和答案（D）。

转换的方法如下：图 66 和图 67 所示的答案（A）和答案（B）可以用数字表示成：

（68241753）和（26174835）

将这两组数的排列顺序倒过来，就变成：

（35714286）和（53847162）

然后每个数字分别用 9 来减就得到这样两组数：

（64285713）和（46152837）

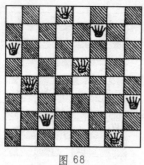

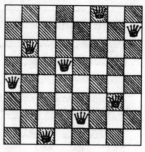

图 68   图 69

即为图 68 和图 69 所示答案。

按照同样的方法，每个答案都可以再得到对应另外 3 个答案。

不过，图 70 所示的答案例外，它只能得到一个对应的答案（如图 71）。因为把棋盘旋转两个 90° 之后，王后的摆放方式与原来一摸一样，用数字来表示这个答案是（46827135），把它们的顺序倒过来，再用 9 减还是（46827135）。这就是这一答案的特殊之处。

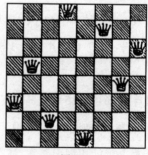

图 70   图 71

任选一个答案，将其排列的顺序倒过来，使第 1 列成第 8 列，第 2 列成第 7 列……或者直接把用数字表示的答案的顺序倒过来，就可以得到和原来相反的一个对应答案。

这里我们把寻找答案的最简单办法省略，直接用图 72 来表示答案，答案 I 到 XI 每个都有 4 种对应答案（包括其自身）及 4 种相反答案合计 8 种答案，答案

Ⅻ只有 4 种对应答案，最终合计有 92 种答案，所有的数字答案如下表所示：

I – 72631485   II – 61528374   III – 58417263

IV – 35841726   V – 46152837   VI – 57263148

VII – 16837425   VIII – 57263184   IX – 48157263

X – 51468273   XI – 42751863   XII – 35281746

图 72

　　可以用下面这个简单的规则自己找出全部答案：首先在第一列最下方的格子里放一个王后，然后在第二列下面的格子里放一个王后，接着按顺序在每列尽量下方的位置放上王后，并且还要避开前面所放王后的转移路线，到不能再放王后的时候，将前列所放王后的 1 格、2 格或者 3 格……往上移动，在右侧没有位置摆放新王后时，按照前面将王后位置提高的原则，把剩余的王后一一摆上。

每得出一个答案就用数字记录下来，然后把这些数字按从小到大的顺序排列就得到下面这个表。

1	1586 3724	24	3681 5724	47	5146 8273	70	6318 5247
2	1683 7425	25	3682 4175	48	5184 2736	71	6357 1428
3	1746 8253	26	3728 5146	49	5186 3724	72	6358 1427
4	1758 2463	27	3728 6415	50	5246 8317	73	6372 4815
5	2468 3175	28	3847 1625	51	5247 3861	74	6372 8514
6	2571 3864	29	4158 2736	52	5261 7483	75	6374 1825
7	2574 1863	30	4158 6372	53	5281 4736	76	6415 8273
8	2617 4835	31	4258 6137	54	5316 8247	77	6428 5713
9	2683 1475	32	4273 6815	55	5317 2864	78	6471 3528
10	2736 8514	33	4273 6851	56	5384 7162	79	6471 8253
11	2758 1463	34	4275 1863	57	5713 8642	80	6824 1753
12	2861 3574	35	4285 7136	58	5714 2863	81	7138 6425
13	3175 8246	36	4286 1357	59	5724 8136	82	7241 8536
14	3528 1746	37	4615 2837	60	5726 3148	83	7263 1485
15	3528 6471	38	4682 7135	61	5726 3184	84	7316 8524
16	3571 4286	39	4683 1752	62	5741 3862	85	7382 5164
17	3584 1726	40	4718 5263	63	5841 3627	86	7425 8136
18	3625 8174	41	4738 2516	64	5841 7263	87	7428 6135
19	3627 1485	42	4752 6138	65	6152 8374	88	7531 6824
20	3627 5184	43	4753 1682	66	6271 3584	89	8241 7536
21	3641 8572	44	4813 6275	67	6271 4853	90	8253 1746
22	3642 8571	45	4815 7263	68	6317 5824	91	8316 2574
23	3681 4752	46	4853 1726	69	6318 4275	92	8413 6275

问：毕达哥拉斯学派的人发现了正五边形的作图法，并且进一步从五边形做出了星形，他们被星形的魅力所吸引，最终将星形定为学派的徽章。请问，五边形如何做出星形？

答：将正五边形各边延长即可。

★ 正五边形 / 五角星有种正气凛然的美，可做驱邪之用。如歌德所著《浮士德》中记载，恶魔企图入侵浮士德的房子，却被五角星驱逐了出去。

158 有关骑士移动的问题

本章一开始介绍了几个关于骑士沿国际象棋棋盘部分空格走一圈的问题。现在，我们再来介绍一个有关骑士移动的传统问题，也就是骑士在棋盘的 64 个格子里各走一回，最后回到出发点的问题。

研究这一问题的欧拉曾写信给哥德巴赫（1757 年 4 月 26 日）说明其中一种答案：

"……我记着你以前曾经提示过我的一个问题，这对于我最近的一项非常复杂的研究工作很有帮助。这是一个无法用一般分析法来解决的问题，那就是国际象棋的骑士在棋盘的 64 个格子里各走一遍，最后再返回到原点的问题。为此，骑士走过的格子得要全部划掉，并且骑士最初的位置必须得固定。我觉得最后这个条件使得问题更难了，因为我很快发现了一种走法，但是那种走法的

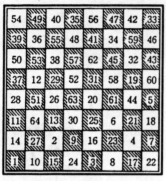

图 73

最初位置是由我自己选定的，不过我相信肯定会有办法解决，使得骑士绕棋盘一周后回到原点，也就是骑士最后到达的位置必须要能够移动到最初的位置。我相信尝试几回就能找到解决的办法，而且这应该是非常容易的，虽然走法有很多种，但是用同样的方式可以迅速得到答案。"图 73 就是答案之一。

骑士按照数字的顺序移动，然后从最后 64 的位置回到 1 的位置，这属于回归性的问题。

这位伟大的数学家在书信中并没有提到他解答的过程和方法，我们在这里介绍另一种比较对称法来找出问题的答案。

1. 如图 74，将国际象棋棋盘划分成由中心 16 个格子组成的部分及剩余的周边部分。以相同字母表示的周边部分，各有 12 个格子，于是骑士绕棋盘周边部分一周形成锯齿状路线。同样的，中心各有 4 个相同的字母，骑士移动的路线会形成正方形或菱形的局部封闭路线。如图 75 所示，a、b 分别表示骑士在周边部分的移动路线，a'、b' 则表示骑士在中心部分的移动路线。

绕过周边部分的路线之后，骑士可以移到中心部分，中心部分 16 个格子所形成的移动路线一共有 4 种：

a	b	c	d	a	b	c	d
c	d	a	b	c	d	a	b
b	a	a'	b'	c'	d'	d	c
d	c	c'	d'	a'	b'	b	a
a	b	b'	a'	d'	c'	c	d
c	d	d'	c'	b'	a'	a	b
b	a	d	c	b	a	d	c
d	c	b	a	d	c	b	a

图 74

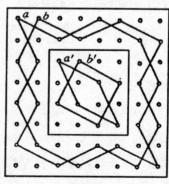

图 75

ab'、*bc'*、*cd'*、*da'*

只要有国际象棋棋盘和骑士，这 4 种路线很容易就能找到，而且发现这 4 种路线的方法也很多。

其实观察图 74、75，或者把国际象棋棋盘摆在面前观察，就能找出中心 16 个格子的移动路线，其中 12 个格子是和周边部分一样的锯齿状路线，然后再连接中心不同文字的部分就得到一条路线，但是需要注意的是，两边的路线都是封闭的，我们必须采用一些方法，把 4 条各由 16 个格子所形成的局部路线串连起来，最终做成一条由 64 个格子组合而成并且可以让骑士绕棋盘一周的完整路线。

首先，如果把骑士放在周边部分的任意一个格子里，可以绘出绕周边地区一圈的路线来，然后将骑士移到中心部分，选择由其他不同字母所连成的 3 条路线中的任意一条，不论方向如何，想办法移到到周边部分，接着再走另一条由 12 个格子所形成的锯齿状路线，然后再移到中心部分，连接和前面字母不同的路线之一，再移回到周边部分……如此往复，64 个格子就能全部串连起来了。

因为解答方式简单直接，所以在这里就不详述了。

Ⅱ. 还有一个同样简单的方法。首先用两条中央线将棋盘划分为 4 个部分，每个部分各有 16 个格子（如图 76），把相同的字母连接起来，然后依靠共同的顶点，将两个正方形和两个菱形的边连接起来，各连接 4 个（如图 77），接着把各部分的正方形和菱形连接起来，就能做出一条由 16 个格子组成的绕局部一周的路线，4 个部分就做出 4 条线。想方设法将这 4 条线串连起来，就能让骑士完整地绕棋盘一周。

a	*b*	*c*	*d*	*a*	*b*	*c*	*d*
c	*d*	*a*	*b*	*c*	*d*	*a*	*b*
b	*a*	*d*	*c*	*b*	*a*	*d*	*c*
d	*c*	*b*	*a*	*d*	*c*	*b*	*a*
a	*b*	*c*	*d*	*a*	*b*	*c*	*d*
c	*d*	*a*	*b*	*c*	*d*	*a*	*b*
b	*a*	*d*	*c*	*b*	*a*	*d*	*c*
d	*c*	*b*	*a*	*d*	*c*	*b*	*a*

图 76

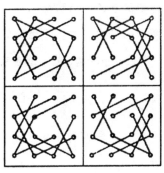

图 77

不过，如果能够再考虑到下面的问题就更好了。在棋盘分成的 4 个等分里，用正方形或菱形来表示骑士所能走的路线，将 4 个部分相同字母所表示的正方形和菱形互相连接，就能得到 4 组由 16 个格子形成的路线。

要把这 4 条由 16 个格子形成的路线完整地串连在一起，多少有点困难，那么怎样才能在不破坏锁链（骑士一连串的移动）的前题下加以变形呢？这里就得按照伯特兰法则来做才行，其要点如下：

假设现有通过 A、B、C、D、E、F、G、H、I、J、K、L 等格子的骑士移动的开放式锁链，锁链的两端分别为 A 和 L，如果 D 的格子和 L 的间隔刚好能让骑士移动一回时，可以把 DE 转变为 DL，结构移动的锁链就变成

$ABCDLKJIHGFE$

即锁链的后半段以完全相反的方向在移动。

假如从前面到第二个格子以外的任意一个格子，都从第一个格子移动一回，而移动骑士的位置时情况和前面一样，锁链就可以不破坏而加以变形。

这里介绍的方法，能找到的骑士绕棋盘一圈的走法并非无限多种，但由于方法太多，就没办法逐一介绍给大家了。

数学漫画 ⑳

问：三角形、四边形、五边形、六边形的各边、点和面的关系，有如图所示的公式成立。圆也有同样的公式，那么，圆的边、点、面各有几个？

答：圆的点有 2 个，边有 3 个，面有 2 个。

点　　边　　面
$(V) - (E) + (F) = 1$

	点边面 $V-E+F$	$V-E+F$
三角形	3−3+1	1
四边形	4−5+2	1
五边形	5−7+3	1
六边形	6−9+4	1
圆	□−□+□	1

★ 圆是两个半圆结合的图形。

第十四章
魔方阵

下面我们来学习组合魔方阵的方法。所谓魔方阵，就是一组数字排列成的正方形，其各行、各列及对角线的数字的和都相等。

159 填1至3的数字

如图78的正方形格子里，分别填上数字1、2、3，使得各行、各列及对角线的数字的和都等于6，该怎么填？请列出所有可能的组合。

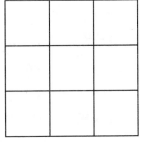

图78

160 填1至9的数字

在一个9格的正方形里，分别填上数字1、2、3、4、5、6、7、8、9，使得各行、各列及对角线的数字之和都相等。

161 填1至25的数字

在一个25格的正方形里，分别填上数字1至25，使得各行、各列及对角线的数字之和都相等。

162 填1至16的数字

在一个 16 格的正方形里填入数字 1 至 16，使其各行、各列及对角线的数字之和都相等。

163 四个字母

在一个 16 格正方形里填入四个字母，使得每行、每列及对角线上都各有一个字母。

相同的字母与不同的字母，各有几种排列方式？

164 十六个字母

在一个 16 格正方形里填入十六个字母（a、b、c、d 各 4 个），使得每行、每列都出现一个字母各一次，这样的排列方式有几种？

格子数为 25、36 这样的 n^2 的方阵，可以做出与这同样的问题。这种字母或数字在每行、每列都不同的正方形表，称为拉丁方阵，最早是在 1782 年，数学家欧拉开始研究这种方阵的。"拉丁"两字，是因为格子里填的字母都是 a、b、c…这样的拉丁字母。n^n 的拉丁方阵，n 越大，格子数增加越快。如果把 1 至 k 的整数之积以 $k!$ 来表示，那么

$$k! = 1 \cdot 2 \cdot 3 \cdots k$$

$n×n$ 大小的拉丁方阵数则为：

$$n! \cdot (n-1)! \cdots 2! \cdot 1!$$

这个数字就很大了，只有在 n 比较小的时候才能算出正确答案。

165 十六个军官

从 4 支部队中各选出军衔不同的四个军官（上校、少校、上尉、中尉），一共十六位军官，将他们按 4×4 的方式排列，要求每行、每列都有各个军衔及各个部队的军官，该怎么排？

166 国际象棋比赛

两支队伍各派 4 个人参加国际象棋比赛，每个参加者都要和对方的每一个队员比赛一场，要如何安排比赛对阵呢？

每个选手各执 2 次白棋和 2 次黑棋，比赛 2 次。

每次比赛，两队都以 2 次白棋和 2 次黑棋进行两次比赛

关于 165 和 166 这两个问题，将前者的军官和部队的个数设为 n，将后者每队的选手数设为 n，如此可以引申出各种类似的应用题。但是当 $n=2$ 时，该问题无解，因为 2 个部队中 2 个军衔不同的军官一共 4 个人，无法按要求排列。1782 年，欧拉就曾预言，当 $n=2$，6，10，14，… 这样除以 4 余 2 的数时，类似的问题无解。虽然 $n=6$ 的情形在 1900 年被证明也是无解的，但是在 1909 年，除了 $n=2$ 和 $n=6$ 以外，其他情形都被证实是有解的。也就是说，当 $n>6$ 时，欧拉的结论就不适用了。

数学漫画 ㉑

问：像骰子那样的立方体被称为正六面体，那么，正四面体是什么形状的呢？

骰子有 6 个面、12 条边、8 个顶点。

嗯，这个不适合当骰子

有正六面体就想做成骰子玩玩。

但正四面体可不容易做啰！

答：如图所示的立方体就是正四面体。

第十五章
找路的方法

167 蜘蛛和苍蝇

在房间（如图79）的天花板一角 C 有只蜘蛛，地板一角 K 有只苍蝇，蜘蛛要用最短的路爬到苍蝇那里去，要怎么走？

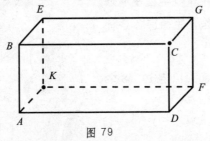

图 79

桥梁与岛屿

你有没有去过城镇中间有很多河流的分流或者支流，河上有若干条连接街道的桥梁这样的地方？比如圣彼得堡那样，在涅瓦河的很多分流和支流上都架有桥梁和通道。假如你住在这样的地方，你会不会想要在散步的时候把所有的桥都走一遍？最先想到这个有趣又重要问题的人是数学家欧拉，这类问题后来被命名为"拓扑学"，称为几何学中的一个独特分支。

在关于位置的几何学里，与图形和物体的测量相关的一切因素都不重要，只考虑顺序和配置的问题。一般而言，与国际象棋、围棋、骨牌等游戏相关的问题，以及大多数与扑克牌游戏相关的问题，还有要编出某种图案而选择丝线的问题等等，都属于位置几何学的范畴。因此，位置几何学其实由来已久，不过直到1710年才被莱布尼茨发展成一个学科，前面提到的数学家欧拉也曾经研究过这类问题。下面我们将举几个简单的例子来说明。

在解答问题之前，要先考虑问题所提出的条件是否可行，欧拉对条件不可行的情形很有研究。

168 绕桥的问题

1759 年，欧拉曾提出一个问题如下：

环绕在岛屿周围的河流可以分为两部分，共有 a、b、c、d、e、f、g 七座桥横跨其上（如图 80），能在散步时将所有的桥不重复地走一遍吗？

"当然可以了！"有人这样回答。

"这是不可能的！"也有人这样回答。

到底有没有可能？有没有办法证明？

也许大家会觉得试着走几遍找出合适的走法就行了，但是走完七座桥梁实在很费时间，如果桥数增加到更多，这样实地去走的解答方式其实没什么实际意义。而且，即便桥的数量不变，但是桥的位置不同解法也会不同，所以我们抛开实地去试的方法，寻找另一种比较理想的解法。

被河流分成四块的陆地分别设为 A、B、C、D，如图 80。

由 A 走到 B，不管是走桥 a 还是 b，都用 AB 来表示；同样，从 B 走到 D 用 BD 来表示，那么由 A 至 D 的路径就表示为 ABD，起点

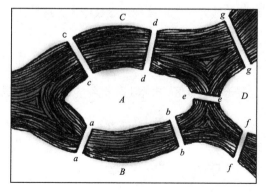

图 80

为 A，终点为 D；接着再由 D 至 C，整个过程就记为 $ABDC$。这 4 个字母就表示，从 A 出发，经过 B、D，途中走过了 3 座桥，最后到达 C。

因此，如果要走过 4 座桥，那么就得用 5 个字母来表示其路径，走过 5 座桥就得用 6 个字母表示路径，以此类推，每多走过一座桥，表示路径的字母就得增加一个。

本题中要把 7 座桥各走一遍，那么就要用 8 个字母来表示其路径。如果桥有 n 座，那么就要用 $n+1$ 个字母来表示其路径。

接下来的问题是，我们要如何排列这些字母呢？

因为 A 和 B 之间有 2 座桥，所以 AB 或 BA 的字母关系要出现 2 次。同样，A 与 C 的字母关系也要出现 2 次（因为它们之间也有 2 座桥）。除此而外，A 与 D，B 与 D，D 与 C 的字母关系，各会出现一回。

好了，如果问题有正解的话，它需要满足两个条件：

①所有的路径以 8 个字母来表示；

②字母的排列必须遵守上面所说的连贯方法和次数。

下面，我们来检查一些重要的事实。

A 地区在本题中连着 5 座桥，走过桥 a（从 A 侧或者 B 侧都可以），表示路径的字母 A 会出现一次；如果走过 a、b、c 这 3 座桥的话，很容易就能明白，表示路径的字母 A 会出现 2 次；通过 5 座桥时，路径记号 A 会出现 3 次。也就是说，当通过一个地区的桥有奇数座时，表示路径的字母出现的次数就是桥数加 1 除以 2。这样的地区，我们简称为奇数地区。这种法则，我们称奇数法则。

自此我们开始研究欧拉的问题。

现在，A 地区有 5 座桥可以通过，而 B、C、D 地区各有 3 座桥连接，这些地区属于奇数地区，根据上面提到的奇数法则，通过 7 座桥的全部路径可以表示如下：

字母 A 出现 $\dfrac{5+1}{2}=3$ 次

字母 B 出现 $\dfrac{3+1}{2}=2$ 次

字母 C 出现 $\dfrac{3+1}{2}=2$ 次

字母 D 出现 $\dfrac{3+1}{2}=2$ 次

因此，全部路径表示需要 9 个字母才行。但是之前也提到过，7 座桥过一遍的路径表示应该有 8 个字母，这就出现了与问题的条件相矛盾的情况。

那么，是不是说，在一个岛把河流分成两部分，同时有 7 座桥的情况下，所有的桥只走一遍的问题是无解的？其实并非如此，这里只证明了桥如题所分布的位置时无解，如果桥的分布改变了，那么答案也会随之改变。

在接下来的分析中，我们要留意通往各区域的桥梁数为奇数时，运用刚才所述的方法来确认问题是否有解。

但是，为了解答更一般的问题，我们需要研究经过某地区的桥数为偶数的情况。

例如：地区 A 有偶数座桥梁，为了表示把所有桥都各走一遍的路径，需要区分从 A 出发或是从其他地区出发两种情况。

实际上，A、B 之间有两座桥的时候（如图 81），从 A 出发将两座桥各走一遍的路径为 ABA，A 出现两次，而从 B 出发将两座桥各走一回的路径为 BAB，A 只出现一次。

假设 A 地区有 4 座桥，不管是不是从特定的地点出发，结果都一样。一个人从 A 出发每座桥都走一遍，显然路径中 A 字母会出现 3 次，而如果从其他地方出发，那么路径中 A 会出现 2 次。同理，当有 6 座桥时，根据出发点是 A 还是其他地区，就可以判定字母 A 是出现 4 次还是 3 次。由此，我们引申出下面的偶数法则：

当一个地区的桥数为偶数时（该地区即为偶数区域），表示路径的字母在由其他地区出发的情况下，出现次数为桥数的 $\dfrac{1}{2}$，反之如果从该偶数区域出发，则表示路径的字母出现的次数则为桥数的 $\dfrac{1}{2}$ 加 1。不管怎样，偶数区域的路径表示字母出现的次数，则为桥数的 $\dfrac{1}{2}$ 加 1。

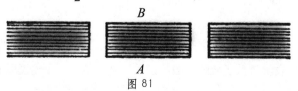

图 81

据此我们可以推导出桥梁问题的一般解法。但是，首先要确认，该题是否有正解，然后我们将解法按如下方式展开：

①确定桥梁的座数。

②将河流分隔开的地区分别用字母 A、B、C、D… 来表示，按照顺序写在一个纵列里。

③在对应各地区的第二纵列里，分别写上能连接该区域的所有桥梁的座数。

例如，本题中的桥梁有 7 座，就可以标记成：

桥数7　A　5
　　　　B　3
　　　　C　3
　　　　D　3

这里要注意，第二纵列的数字之和，通常等于桥数的 2 倍，因为每座桥都连接着两个区域，所以它们加起来的结果自然是桥数的 2 倍。如果问题中有奇数区域时，奇数区域的个数必然得是偶数，否则第二纵列的和就没法是偶数了。

④在第三纵列里写上第二纵列的数除以 2 的结果，若第二纵列的数为奇数，则要加 1 再除以 2（第三纵列中的各数，表示所对应的字母在路径中所出现的次数）。

⑤算出第三纵列的数字之和。

如本题

桥数7　A　5　3
　　　　B　3　2
　　　　C　3　2
＋　　　D　3　2
　　　合计　　9

如前述，如果第三纵列的数字之和大于第二纵列数字之和的 $\frac{1}{2}$（也就是桥的数量），那就表示奇数区域的个数超过了一半，从另一个角度来看，第三个数字之和表示一切字母反复出现的总次数，换句话说，表记路径的字母个数（也就是桥数加1）至少为此数。因此，假如这问题有答案的话，其奇数区域个数的一半不会大于1。

所以一般而言，如果问题有解，我们可以确认：

①所有地区都为偶数区域；

②如有奇数区域，只能有两个。

满足这样的条件，所有桥各走一遍的问题必然有解，如果是②那种情况，则必须从奇数区域出发才行。

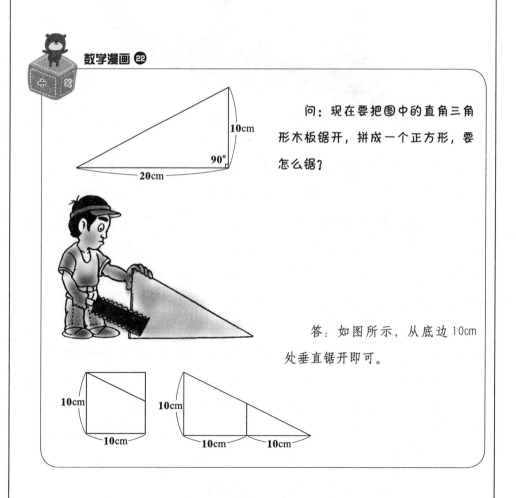

数学漫画 22

问：现在要把图中的直角三角形木板锯开，拼成一个正方形，要怎么锯？

答：如图所示，从底边10cm处垂直锯开即可。

169　绕 15 座桥梁的情形

下面我们来看有两座岛的情形，如图 82 所示，在各个岛之间及河岸间一共有 15 座桥，能不重复地走完所有的桥吗？

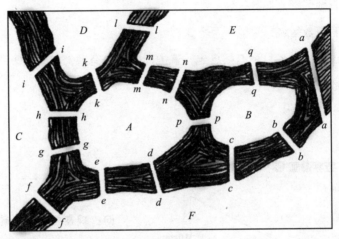

图 82

本题中的区域都是偶数区域，我们来证明将每座桥各走一遍又回到出发点的封闭路径的存在。把路径中通过的桥数看作路径的长度，那么本题的路径长为 15，一方面严格遵守问题的条件，另一方面通过所有地区的路径，选择最长的路径（用字母 a、b、c…g 来表示路径中所通过的桥梁名称）。假定路径从 A 地区出发，最后的终点不是 A，而是 C 地区，路径中字母 C 出现了 r 次，那么，路径中通过的桥数为 $2r$，C 是偶数区域，假定最后通过桥 g 抵达了目的地，随着已经经过的 $2r$ 座桥以外，还必须通过和 g 本身不同的另一个由 C 出发的桥 h，这意味着和现在要选择最长路径的原则相违背，如果路径在 A 结束，就不会有这种矛盾。由此可见，路径 abc…g 的终点必然在 A 地区，形成的是一个封闭的路径。接下来要证明这条最长的路径能通过全部的桥。假定没有通过桥 f，显然，通过有桥 f 的地区之一的路径为 abc…g，再说得明白一些，假设 f 是由设置 a、b 的地区 B 通达，那么路径 fbc…ga 就比 abc…g 还长 1 个单位。但是我们把通过全部区域的最长路径设为 abc…g，这一矛盾就证明，路径 abc…g 能通过所有的桥。

就题 168 而言，如果全部的桥各走两回，那问题就有解了，这也意味着当桥数增加至两倍时，所有的区域都变成了偶数区域。

最后，假设 A、B 两个区域为奇数区域，我们来证明全部桥各走一遍的路线确实存在。假定 A 与 B 之间设了一座新桥 a，全部的区域都变成了偶数区域，那么必然存在全部桥都走一回的封闭路线，可以选择任何一座桥为 a，将两端为 A、B 的路线 $abc\cdots g$ 视为问题的答案，这就很容易证明了。

170　走私者之旅

关于绕桥的问题，还可以演化出各种应用题。比如一个走私者，要在欧洲各国边境上各绕一圈，然后再将各国走一遍，路线该如何设计？

显然，这个问题中的各国国境与绕桥问题中被河流分隔的区域相对应。

171　一笔画

有这样一个故事，曾经有一个人宣称，谁能画出图 83（a）的图形，他就给那人 100 万卢布，条件是必须用一条线连续画完，中间笔尖不能离开纸面，并且每一笔都不能重复。

既然解开这个问题就能成为"百万富翁"，那多试几次、花费些工夫也是值得的。不过可惜的是，这个问题是无解的，虽然就差那么一点点，但无论如何也没法用"连续的线"画出要求的图形。最后你会发现困难之所在，比这更简单的图形——四边形与两条对角线都没法用一笔画成，如图 83（b）所示，虽然简单，就是不能用一笔画成。

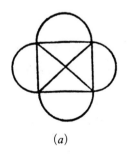

(a)

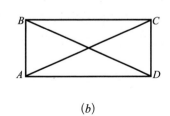

(b)

图 83

可能有人会怀疑，有许多看起来比这个复杂得多的图形都能一笔画出呢，比如五边形及其对角线就可以一笔连续画出（如图 84）。

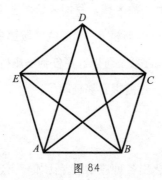

图 84

其实，边数为奇数的所有多边形与其对角线都能轻松地一笔画出，而边数为偶数的多边形与其对角线就没办法一笔画出了。

知道了这一原理，什么图形能一笔画出，什么不能，就一目了然了。这一类问题都可以参考前面欧拉提出的绕桥问题。

我们现在来研究一下，四边形 *ABCD* 及两条对角线能否不重复地一笔画出，如图 83（*b*）所示。

将 *A*、*B*、*C*、*D*、*E* 看做被河流分隔开来的 5 个区域，将其中的连接线看做桥梁，那么就有 5 个区域，其中 4 个是奇数区域，一个是偶数区域。根据我们之前的结论，这种情况下，根本没法一遍走完所有的桥，也就是说，这个图形是没法在每一部分都不重复的情况下，用一条连续的线把各部分连接起来的。

由此可见，图形能否一笔画出的问题和绕桥问题的实质一样，可以从其中一个推导出另一个结果。

边数为奇数的多边形及其对角线，不重复地一笔画成，必须和绕桥问题中所有区域都为偶数区域的情形相对应。

不管是直线还是曲线图形、平面还是立体图形，所有图形的道理都是一样的。比如，正八面体的边可以很容易地一笔画出，但是其他凸多面体就不一定有那么容易了。

据说先知默罕默德用一笔画出的两个新月图形（如图 85）作为自己的签名。

图 85

这个图形中的任意一点都能够延伸出偶数条线，所以自然能够一笔画出。除此而外，延伸出奇数条线的点有两个的图形也能一笔画出。如图 86 就包括两个奇数点 A 与 Z，要想一笔画出这个精妙绝伦的图形，与前面所说的绕桥问题一样，必须从 A 或者 Z 点出发才行。

再来看，图 87 和图 88 的图形虽然看起来简单，但却无法一笔画出，因为前者有 8 个点、后者有 12 个点，延伸出的线为奇数，所以前者至少要用 8 笔才能画出，也就是说，图 87 是由 4 条连续的线所连接成的，而图 88 则至少要 6 笔才能画出。

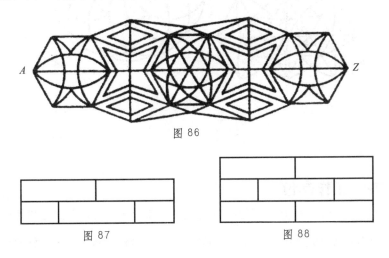

图 86

图 87   图 88

这样的例子多得举不胜举。

大家可以练习着将图 89 中的图形一笔画出。

图 89

172 工作岗位

　　一个工作岗位上有 10 台机器、10 个工人，每个工人可以同时使用两台机器，

每台机器也能同时被两个工人操作，请问，工人能各就各位操作自己的机器吗？

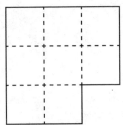

问：瓷砖贴完了才发现少了一块，只好将贴好的图形切开重新拼成一个略小的正方形，请问，最简洁有效的切法是怎样的？

你要怎么做？

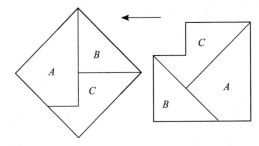

答：如图那样剪开即可，可以用纸剪着看看。

第十六章
迷 宫

关于迷宫的起源，可以追溯到很久很久以前。不仅是古人，甚至很多现代人也认为迷宫问题相当复杂，一旦踏入迷宫，除非奇迹发生或有人帮助，否则是没办法走出来的。

不过，我们这里研究的却是与这种想法相反的方法。事实上，没有出口的迷宫并不存在，而且不管出路有多复杂，都一定能有办法找到出口。在寻找答案之前，我们先来考证一下迷宫的历史。

"迷宫"这个词源自希腊语，意思是地下道路。大自然中有很多天然形成的狭路、走廊或死路是往很多方向延伸和交叉的，一旦踏入很可能迷路，找不到出路，最后饥寒交加而丧命于此。而人造迷宫中最典型的就是各种矿山的矿坑，还有所谓的"地下坟墓"。

古代的建筑师们可能想效仿地下洞穴建造人工迷宫，比如古代天文学家就曾提到埃及有人造的迷宫。不过，"迷宫"这个词本身就意味着有很多的通道和走廊，形成无数的交叉，一旦进入很容易迷失，这是种极其复杂的人工建筑。关于人造迷宫还有很多古老的传说。

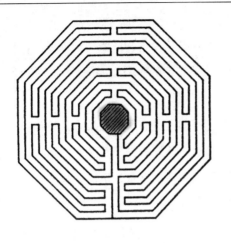

　　最著名的传说是代达罗斯（Daedalus）为克里特岛（Crete）之王米诺斯修建了一座迷宫，里面住着牛头人身怪物弥诺陶洛斯（Minotaur），每个走入迷宫的人都找不到出路，最终成了怪物的美餐。雅典人每年要向怪物进贡 7 个少女和 7 个少男，供怪物吃掉。最后，英雄忒修斯进入迷宫杀死了怪物，并且用公主阿里阿德涅给的线团平安走出了迷宫。后来，"阿里阿德涅之线"就成为一句俗语，常用来比喻解决复杂问题的线索。

　　迷宫的形态和结构千奇百怪，有走廊、地道或者陵墓里的迷宫，其四壁和地面都是人工修建的，也有些在墙壁和地板上用五颜六色的大理石或方砖来拼成复杂的图案，还有在石头上雕刻、或者岩石上浮雕出来的弯弯曲曲的迷宫，很多都保留至今。

　　19 世纪基督教国家的皇袍，都以迷宫图案为装饰，现在在一些教堂或集会场所的墙壁上还能看到当初装饰的遗迹。以迷宫为装饰，可能是象征着人生之路的崎岖艰难或者是做人的不易。12 世纪前半期是迷宫最普遍的一个时期，当时法国有很多用石头做成的迷宫，教堂和集会场所的地板上也绘有迷宫的图案，称为"通往圣域之路"，意即只有克服重重困难才能升

入天国。因此，迷宫的中心通常被称为"天国"。

虽然英国教堂的地上没有迷宫的图案，但是将草坪栽种成迷宫却很多见，称为"特洛伊城"或"牧童的足迹"。大文豪莎士比亚在他的戏剧《仲夏夜之梦》和《暴风雨》中都曾提及这样的迷宫。

上面所提到的迷宫与其说具有数学性质，不如说具有历史性质更为恰当。而且这些迷宫找到出路并不困难，随着时间的流逝也逐渐丧失了其原本的意义，而变成了娱乐观光的地方。现在一些花园、庭院里建造的迷宫，里面纵横交错，有很多死胡同，很是复杂，走进去是很难找到出口的。

据考，迷宫问题由来已久，很多人都对迷宫有着浓厚的兴趣，费尽心思想要

找到出口。如果一个迷宫没有出口，那么问题就变成找到通往中心的路，或者是从中心回到入口的路，这往往出于偶然或者说是幸运。那么，能否根据数学的原理来找到迷宫的出口或者说设计出一个迷宫呢？

这个疑问在近些年才被解开，解开它的是伟大的数学家欧拉，他的结论是：没有出口的迷宫绝对不存在。

有关迷宫问题的几何学结构

构成迷宫的道路、巷子、走廊、回廊与矿洞等，形状各异，延伸交叉之后再向各个方向发散，又相互交叉或者无路可走。为了方便研究，我们将所有的交叉点用点来表示，然后用直线或曲线表示所有的道路、巷子和走廊，不论连接线是否在平面上，只要能够连接各点（交叉点）就行。

在这样的点和线构成的图形中，只能沿着点和线移动，而不能脱离图形，这样就形成了一个几何学的网络或迷宫。

为了满足这项条件，需要证明能移动点，在不跳跃不中断的原则下，通过线能描绘整个网络，而且还要证明每一条线都能走两次，这样一来点必然能够通到

迷宫的出口。

如此能整个绕一圈，也可以说因为所有线都要经过两回，所以从这一网络得到的图形是可以一笔画完的。但是对进迷宫的人而言，他无法看到整个的设计图，只能看到眼前的景象，所以情况就会更加复杂，这就限制了他证明确实能绕一圈。

在开始证明之前，我们先来做一个有趣的数学游戏，它可以帮助我们理解前面提到的原理，同时也有助于对证明的理解。首先，在白纸上画几个点，将这些点两两用直线或曲线连接起来，这样我们就得到一个几何学网络（开始时不要画得太复杂）。城市的轨道交通、无轨电车网、一国的铁路网，以及山川运河所形成的网路等等，还有各国的边境，这些都可以称为几何学的网络，也就是迷宫。

接下来在一张不透明的厚纸上挖一个小洞，透过它来观察迷宫的一小部分，这样就免得直接看到迷宫的全部感到迷惑。现在透过这个小洞（镜头），沿着线向任意一个交叉点移动，把这点定为 A，然后从 A 开始继续通过透镜将所有的线都走两回（来回各一次），中间不要间断，最后回到 A。为了标记哪条线已经走过一回，可以在进入或离开交叉点时，在线上做一个记号，根据记号把这条线走两回之后，再移动到另一个交叉点，这样每条线两端都各有两个标记，不会有更多的标记了。

在真正的迷宫或地下矿洞、天然洞穴里，人们必须把自己的所在地用记号标记加以区别，在进入和离开每个交叉点（也就是坑道）的时候，必须放置标记物。

现在我们回到之前的问题：迷宫是否一定有出路，在前面证明的基础上，我们来解决迷宫的一般性问题。

迷宫问题的解答

规则，从出发点（第一个交叉点）开始，沿着某条线走到尽头或新的交叉点时：

①无路可走时，必须转回头走回去，那么此路来回走了两次，可以将其去掉；

②走到新的交叉点时，选择沿新路往前走，这时必须在新路上做记号。

如图 90，沿着箭头 f 的方向走到交叉点，然后按箭头 g 所指走向新路，在进、出交叉点的两条路上都做上记号（图中的小十字）。

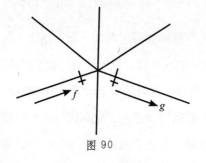
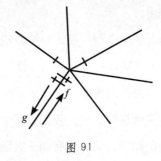

图 90　　　　　　　　　　　　　　图 91

第一次通过的交叉点遵从规则即可，但迟早都会经过已经通过一次的交叉点，这时就会出现两种情况：一是走一条没走过的新路到达该交叉点，二是走已经走过的路到达交叉点，这时需要遵从如下规则：

规则①，如果沿着新路来到一个已经通过一次的交叉点，如图 91 所示，那条路上有两个记号（到达与重新出发），这时按原路返回；

规则②，如果是走一条已经走过的路到达交叉点，路上会有两个记号，这时如果有新路就顺着新路走，如图 92，如果没有新路，那么选择一条曾经走过的路继续前进，如图 93。

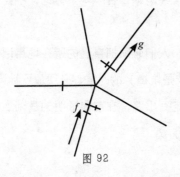
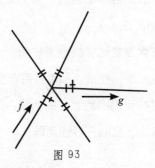

图 92　　　　　　　　　　　　　　图 93

严格遵守上述规则，就能将网路里的所有线各走两回，然后回到出发点。

①在出发点做好出发的记号（横切线的连字号）；

②按上述三个规则之一，每次通过交叉点时，在集中那点的线上会增加两个记号（横切线的两个连字号）；

③在到达任意一个交叉点之前，或离开任意一个交叉点之后，出发点的记号的个数为奇数，但其他交叉点的记号为偶数；

④不管是到达交叉点之前还是之后，在任何情况下，从出发点开始只有一个记号的道路只有一条，而另一方面，已经通过其他所有交叉点，各有一个记号的道路刚好有两条；

⑤将迷宫走完一遍之后，通过所有交叉点的道路都各有两个记号，这就满足了问题所需的条件。

如果留意上述的情形就会明白，若一个人从 A 出发到另一点 M，这中间没有什么困难，实际上他所到的每一处，不是新的，就是曾经走过一回的，前者可利用规则，而后者在到达 M 点的时候，其上的记号为奇数，如果没有新路，那就沿着走过一次的路前进就行了，根据上述注意事项③，其交叉点（不是出发点）的记号就成了偶数。

当旅程结束需要回到出发点 A 时，把最后这段路叫做 ZA，即这条线是从交叉点 Z 通到出发点 A 的，而这条线必须是从 A 出发的，那就意味着除此而外没有其他只通过一次 Z 的线，否则就违背了规则的前半部分。不仅如此，如注意事项④所示，还有只通过一次的另一条线 YZ，这样回到出发点 A 时，通过 Z 的道路都有两个记号。用同样的方式可以证明，之前的交叉点 Y 和其他所有交叉点的情形，也就是说，我们已经证明了先前的结论，并且解决了所有的疑问。

数学漫画 ㉔

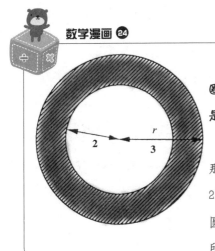

问：把一个蛋糕如图那样切开，请问外圈和中间的蛋糕哪个大？里外圈的直径之比是 2：3。

答：内外圈的半径比是 2：3，那么中间小圆和大圆的面积比就是 $2^2\pi : 3^2\pi = 4 : 9$，外圈面积＝大圆－小圆＝ 9 － 4 ＝ 5。外圈为 5，中间小圆为 4，所以外圈的蛋糕大一些。

173 让人头晕的迷宫

如图 94 所示的迷宫，这里简单介绍一下它的解法。图中实线表示分隔开的线，虚线和点实线表示路径。按照图中的解法，要先从 A 走到 C，接着再从 F 走到 B。

不过，从 C 到 D 有三条路，分别用 1、2、3 来表示；E 到 F 也有 4、5、6 三条路；所以 C 到 E，D 到 F，D 到 E 各有虚线、点实线、星号的道路。这种情况可以用一个简化的图形来表示（如图 95），这

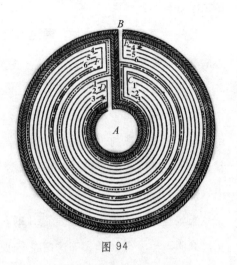

图 94

张图里的所有路径都和图 94 里的圆形迷宫相对应，看起来很清晰，加上同一条路不走两次这一条件，可解出从 A 到 B 共有 640 种走法。

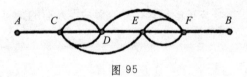

图 95

这可真是一个让人头晕的迷宫。

174 凉亭

按照前述的相关原理，已经学会迷宫问题解法的各位读者，应该能够轻易地找出图 96 中从花园入口到凉亭的路径。为了节约时间，大家可能会认为从凉亭出发找出口会更容易，但是有空的时候，不妨试着从入口走到凉亭，你会发现其中乐趣无穷。

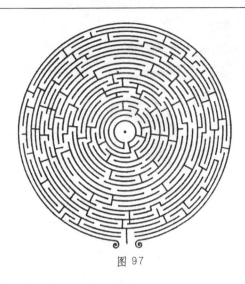

图 96　　　　　　　　　　　　　　图 97

175　另一种迷宫

图 97 是另外一种非常有趣的迷宫，看看能否在最短时间内找到通往中心的道路。

176　国王的迷宫

英国国王威廉三世有一个花园，就是由栽种在道边的树和围栏构成的迷宫，其间的道路长达半英里，花园中心有两棵大树，树下各有一张长椅，如图 98。

走进花园中心再走出来的办法就是，从进入迷宫开始右手始终不离开围栏，这样就可以进出自如了。

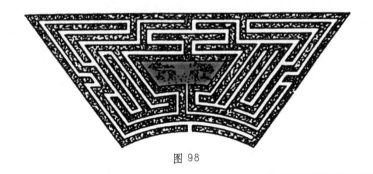

图 98

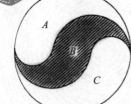

问：此图是由太极图变形而来，请问 A、B、C 三部分的面积比是多少？已知 A、B 的面积相等。

韩国的国旗是太极旗，中国的健康拳法包含太极拳。

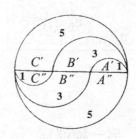

答：$S_A : S_B : S_C = 1 : 1 : 1$，面积都相等。

先将大圆用直线分成二等分，A'、B'、C' 三个半圆的半径比为 $1 : 2 : 3$，相应的面积比即为 $1^2 : 2^2 : 3^2 = 1 : 4 : 9$

A'、B'、C' 被划出来的各部分面积是：

$S_{A'} = 1$，$S_{B'} = 4 - 1 = 3$，$S_{C'} = 9 - 4 = 5$

因此，$S_{A'} : S_{B'} : S_{C'} = 1 : 3 : 5$

同理，$S_{A''} : S_{B''} : S_{C''} = 5 : 3 : 1$

最后可得

$(S_{A'} + S_{A''}) : (S_{B'} + S_{B''}) : (S_{C'} + S_{C''}) = 6 : 6 : 6 = 1 : 1 : 1$

越玩越聪明的数学机智游戏

参考答案

第一章 有趣的问题

001. 苹果和篮子

一个人分到篮子和苹果。

002. 一共有几只猫

可能有人会这么想：4个角落各有1只猫，每只猫对面各有3只猫，合起来就是12只，加上原来的4只，就成了16只，每只猫尾巴上还有1只猫，那么房间里总共有32只猫。但是，正确答案是房间里只有4只猫，不多也不少，每只猫都坐在自己的尾巴上。

003. 裁布料

有人可能会不假思索地回答，第8天，但实际上，第7天裁完后就到最后一块了。

004. 数字666

把这个数写在纸上，然后把纸倒过来看（旋转180°），就变成999了。

005. 分数

能，比如 $\dfrac{-3}{6} = \dfrac{5}{-10}$。

006. 分铁块

如果把马蹄铁想成一个 U 型的弧形，那无论怎么都不可能用两条直线分隔出比 5 还多的部分，如图 99（a）所示。但是实际的马蹄铁是有宽度的，在这种情况下，多试几次就能找到正确答案，可以砍两次将马蹄铁分割成 6 块，如图 99（b）所示。

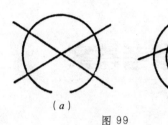

（a）　　　　　（b）

图 99

007. 老人说了些什么

老人只是跟两个年轻人说："你俩把马交换着骑。"两人立即同意了，分别骑上对方的马，都想让自己的马晚到终点，因此拼命加鞭让自己骑的对方的马更快地冲向终点。

数学漫画 26

问：这是谜题大师杜德尼 9 岁时创作的谜题，即笔不离开纸面，一笔画出左图的图形，每条线都不重复。

"我有 9 个兄弟，为了让他们高兴，我才创作谜题。有人建议我向少年杂志投稿，后来稿件被采用了，稿费是 5 先令。"（杜德尼）

答：本题需要独立思考。

★亨利·恩斯特·杜德尼（1857-1930），英国人，生于四月卒于四月。他是将毕生精力奉献给谜题创作的谜题大师，并和美国人劳埃德一起，被称为现代谜题的始祖。

题 8 ～ 题 25 请参照图。

008. 100

I □ □

图 100

009. 小房子

图 101

010. 向上爬的虾

图 102

011. 天平

图 103

012. 两个酒杯

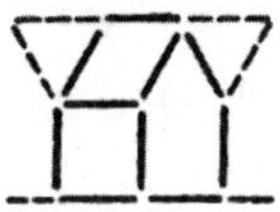

图 104

013. 神庙

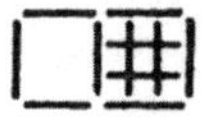

图 105

014. 三角旗

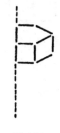

图 106

015. 路灯

图 107

016. 斧子

图 108

017. 台灯

图 109

018. 钥匙

图 110

019. 三个正方形

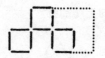

图 111

020. 五个正方形

图 112

021. 三个正方形

图 113

022. 两个正方形

图 114

023. 三个正方形

图 115

024. 四个正方形

图 116

025. 正方形

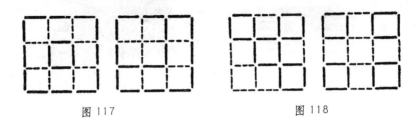

图117   图118

026. 四个三角形

这个问题并不难，但是很少有人会想到答案，因为这里不能用平面图形来思考，而要用立体图形来想。

如图119所示，正三角锥体是由四个全等正三角形所组成，称为正四面体。首先用3根火柴棒做成一个三角形，然后用剩余的3根火柴，下端连接已做好的三角形，上端和三角形的重心一致，就可以得到本题的答案了。

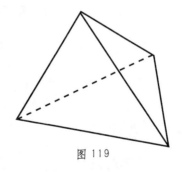

图119

027. 以1抵15

这个问题看起来很难，但实际答案很简单。把火柴棒A摆在桌上，然后将其余的14根火柴依序跟它垂直地摆放，摆得要紧密，而且火柴棒的前端要突出于A约1~1.5cm（如图120），火柴棒的后端要紧贴桌面，然后再将1根火柴压在A的正上方（同时也垂直于其余14根火柴），这时轻轻抬起A，就会发现，很神奇的，其余15根火柴都被提起来了（如图121）。

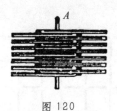

图 120

图 121

数学漫画 27

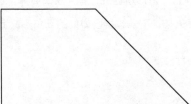

问：左图是一个正方形和另外半个正方形合起来形成的一个梯形，现在要把它分成四个相等的部分，要怎样分？

答：分法如下图。

★ 三角形部分是问题的关键所在，所以要将整个图形分成三角形来思考。

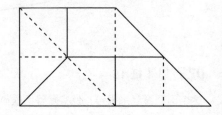

029. 相向航行

一般人会条件反射式地想到"7 艘"这一答案，但这是错的，因为要把已经到达哈佛港的一艘船和即将出发的一艘船都加进来一起考虑才行。

当一艘船从哈佛港出发的时候，同一家公司已经有 8 艘船在向哈佛港方向航行（其中一艘已经到达哈佛港，一艘刚从纽约出发）。

所以这艘船会和 8 艘船相遇。另外，在向纽约航行的 7 天时间中，纽约方向也有 7 艘船出发（其中最后一艘在轮船抵达纽约的同时出发），也会和这艘船相遇，因此，最后答案应该是 15 艘。

为了更好地帮助大家理解，下面用一个图形来说明。图 122 是这家公司的航行图，其横轴代表天数，上部 A 为哈佛港出发，下部 B 为纽约港出发。从图中可以看出，A 与 B 间的斜线表示轮船的航运情况，每艘船在航行途中分别和 13 艘船相遇，同时在出发和到达时各与一艘船相遇，合起来总共有 15 艘船。除此而外，还能从图上看出，每艘船相遇的时间不是中午 12 点就是晚上 12 点。

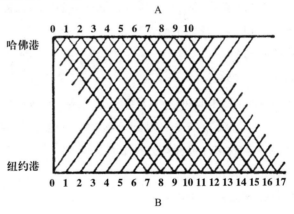

图 122

030. 卖苹果

想到第六个顾客买了 1 个完整的苹果，问题就很容易了，可以推算出第五个顾客买了 2 个苹果，第四个顾客买了 4 个，第三个顾客买了 8 个，以此类推，苹果共有 1+2+3+4+8+16+32=63，即农妇最少带了 63 个苹果到市场上去卖。

031. 蜈蚣爬树

有人可能会这么想，一昼夜是 24 小时，蜈蚣爬上去 5m 又滑下来 2m，一共向上爬了 3m，那么要前进 9m 就需要 3 个昼夜的时间，所以答案是周三上午 6 点。

但是这个答案是错的，因为在两个昼夜以后，蜈蚣就已经爬到了 6m 的地方，周二上午 6 点它又开始向上爬，到晚上 6 点时可以爬到 11m 处。简答计算就可得，蜈蚣在周二下午 1 点 12 分时就能爬到 9m 高处了（假定蜈蚣爬行的速度保持不变）。

032. 自行车与苍蝇

其实这个问题非常简单，但很多人会陷入细节的复杂计算中，抓住苍蝇不会停留这一关键点，就可知苍蝇正好飞了 3 个小时，答案就是，苍蝇一共飞行了 300km。

033. 狗和行人

这个问题和上一个问题类似，答案与狗的主人是哪个没有关系，第二个行人会在 4 小时后赶上第一个行人，那么，这期间狗跑了 $4 \times 15 = 60$km。

034. 平方的简单计算法

个位数为 5 的所有整数，都可以用 10a+5 的形式来表示，a 代表 10 位数的数字，所以：

$$(10a+5)^2 = 10^2 \times a^2 + 2 \times 5 \times 10a + 5^2$$

$$= 100a^2 + 100a + 25$$

$$= 100a(a+1) + 25$$

从这个等式可知，要求出 10a+5 的整数平方，只要在 a(a+1) 右侧加上 25 即可。

只要个位数是 5，类似的方法不仅能用于两位数，更多位数的平方也能算出。当然心算可能不太容易，但写在纸上就省事多了，比如：

$10 \times 11 = 110$，所以 $105^2 = 11025$

$12 \times 13 = 156$，所以 $125^2 = 15625$

$123 \times 124 = 15252$，所以 $1235^2 = 1525225$

035. 把 2 移到前方，数字立即翻倍

将最后一位数 2 移到最前面，数字就变成原数的两倍，所以：

倒数第 2 位的数字为 $2 \times 2 = 4$

倒数第 3 位的数为 2×4=8

倒数第 4 位的数为 2×8=16

倒数第 5 位的数为 2×6+1=13

… …

以此类推，就能得出答案。同时，该数最高位的数字必然是 1，所以当其中一个数字乘以 2，并加上由下位所移上的 1 时，和为 1 就可以停止计算，所以本题的答案是：

105，263，157，894，736，842

这就是答案之一，如果按上述方法继续下去，还可求出其他答案（有无数个），这时你就会发现这些答案都是由上列数字组合而成的。

036. 此数究竟是几

将所求的数加上 1，使其能被 1，2，3，4，5 和 6 整除，具有这种性质的最小数是 60（最小公倍数），所以这个数列就是：60，120，180，…

因为这个数也能被 7 整除，所以要在这个数列里寻找被 7 除余 1 的数，符合条件的最小数是 120，所以答案的最小数是 119，其他答案还有很多。

038. 收苹果

果农得走到放苹果的地方，再回到放篮子的地方，所以要走的路程是 1 到 100 的整数和再乘以 2，也就是 101 的 100 倍，等于 10100m。也就是说果农要走 10km 以上的路才能收完苹果，这种方式也太辛苦了。

039. 时钟

一般的钟表每次最多敲 12 下，那么只要求出 1~12 的整数和，就能得到正确答案了。不过如果用前面的方法，按 12×13 的一半来算，那就错了，因为一昼夜钟表要从 1~12 走两圈，所以不用再除以 2，只要计算 12×13 就对了，答案是 156 次。

如果钟每到半点的时候敲一下，那么一昼夜究竟会敲多少下，很容易就能求出答案。

041. 奇数之和

求出 1 到 $2n - 1$ 的所有奇数的和，再确定是否和 n^2 相等的方法有很多，这里我们用图形来解答。

首先画出一个有 n^2 个格子的正方形，图 123 是 $n=6$ 时的情形。如图所示，在格子上画斜线，将正方形用颜色来区分为几部分，然后从左上角开始数，第一部分（斜线部分）有一个格子，第二部分（空白部分）有 3 个格子，第三部分（斜线部分）有 5 个格子，以此类推，格子数逐渐增加，到最后一个第 n 部分，格子数位 $2n-1$，所以正方形的全部格子数应为 $1+3+5+\cdots+(2n-1)$

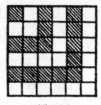

图 123

同时，该正方形有 n^2 个格子，所以 $1+3+5+\cdots+(2n-1)=n^2$，等式得到了证明。

用图 123 这样的正方形格子图，还可以求出更多类似问题的和。

数学漫画 ㉘

问：一张正方形的纸，能用剪刀一下剪出 4 个正方形吗？纸是可以折的。

答：能。做法如下：

①沿对角线 *BD* 对折，使 *A*、*C* 两点重合；

②再沿 *AO* 对折，使 *B*、*D* 两点重合；

③沿 *EO* 剪开。

第四章 渡河与旅行

042. 水沟与木板

从图124就可知问题该怎么解答。

可以从不等式 $2\sqrt{2} < 3$ 的数学定理来证明，能够做出这样的桥。

另一方面，将水沟宽平分为三等分的虚线也能够证明。

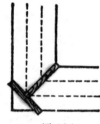

图 124

043. 士兵过河

首先，两个少年划船到对岸，其中一人留在岸上，另一人划船返回后下船让一个士兵划船到对岸，士兵上岸后，原本留在对岸的少年再把船划回来，然后两个少年再划船到对岸，一个少年留在对岸，另一人划船回去由第二个士兵划船到对岸。如此反复，船每来回两趟就能送一名士兵到对岸，直到把所有的士兵送到对岸为止。

044. 狼、山羊和卷心菜

农夫先把羊带过河，然后回来把狼带过河放下，返回时带着羊，把羊放下之后再把卷心菜带过河，最后农夫单独返回后再把羊带过河。

045. 3个骑士

这是个古老又有趣的问题，如果用 A、B、C 来代表 3 个骑士，用 a、b、c 来代表他们的 3 个随从，那么现在的情况可以描述如下：

此岸	对岸
ABC	●●●
abc	●●●

① 2 个随从先过去对岸。

此岸	对岸
ABC	●●●
●●c	ab●

---

②1 个随从回来载着剩余 1 个随从到对岸。

此岸	对岸
ABC	•••
•••	abc

③1 个随从划船回来，和自己的主人留在岸上，让其他 2 个骑士划船到对岸。

此岸	对岸
•• C	AB•
•• c	ab•

④其中 1 个骑士和自己的随从一起回来，把随从留在岸上，然后和剩下的那位骑士 2 人划船到对岸。

此岸	对岸
•••	ABC
• bc	a ••

⑤随从 a 划船回去载 1 个随从到对岸。

此岸	对岸
•••	ABC
•• c	ab•

⑥骑士 C 划船回来载着自己的随从到对岸。

此岸	对岸
•••	ABC
•••	abc

046. 4 个骑士

4 个骑士各带一个随从，根本无法按照条件的要求过到对岸去。

为了证明，我们先假设能够按条件过河。我们将船的来回设定号码，奇数号码表示船在对岸，偶数号码代表船已经回到此岸。现在假定岸有 3 个以上的骑士能渡河到对岸，用 $2k-1$（$k \geq 2$）来表示，因为每次船只能载 2 个人，所以在这之前，从此岸到对岸要进行第 $2k-1$ 次渡河的时候，必须有 1 个骑士留在对岸。如果 $2k-1$ 是最小的号码，那么 $2k-1$ 次渡河时，在对岸的骑士不是 1 个就是 2 个。

假设是 1 个，用 A、B、C 来代表留在此岸的骑士，用 D 表示在对岸的骑士，a、b、c、d 代表 4 个随从，按照问题的条件，骑士与随从的组合只有一种，那么 $2k - 1$ 次渡河时情况如下：

此岸	对岸
ABC	D
abc	d

但是，要进行 $2k$ 次渡河时，由谁来坐船呢？如果 D 坐船的话，$2k+1$ 次渡河时，对岸骑士就只有 2 人以下，这与假设不符，所以 $2k$ 次渡河时，只有随从 d 能坐船，可是这样一来，回到此岸的 d 就必须离开自己的主人，和别的骑士在一起，这又违反了问题的规则，所以不论 D 还是 d 都不能进行 $2k$ 次渡河，所以第一种情况不成立。

接下来我们再来验证另一种情况，就是 $2k - 1$ 次渡河时，留在对岸的骑士有 2 人 C、D，此岸的骑士为 A、B，即：

此岸	对岸
AB	CD
ab	cd

在这种情况下，要进行 $2k$ 次渡河时，由谁来坐船呢？如果是 C 或者 D，那么此岸 2 个骑士在进行 $2k+1$ 次渡河时，随从 a 或 b 就有 1 人必须离开自己的主人和别的骑士在一起，与问题的规则不符。如果是 c 或 d 离开主人坐船回到此岸，就会遇到骑士 A、B，又违背了规则，所以，对岸骑士为 2 人的情况也行不通。

因此，如果遵守问题的条件，就不可能有 3 个以上的骑士渡河到对岸去。

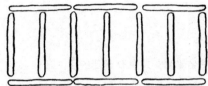

可利用火柴棒做做看。

问：这是由 13 根木棍做成的 6 个大小相同的围栏，现在有一根木棍被偷走了，要用剩下的 12 根木棍重新做出 6 个大小相同的围栏，要怎么做呢？

答：如图。

★ 这样高明又独特的解法，是谜题大师杜德尼的专长。

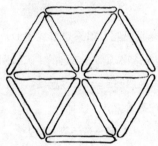

047. 3人小船

4个骑士用 A、B、C、D 来表示，其随从则用 a、b、c、d 表示。

此岸	对岸
ABCD	••••
Abcd	••••

①随从 b、c、d 先过河。

此岸	对岸
ABCD	••••
a•••	• bcd

②随从 b 回到此岸，骑士 C、D 划船到对岸。

此岸	对岸
AB••	•• CD
ab••	•• cd

③骑士 C 和随从 c 回到此岸，骑士 A、B、C 坐船到对岸。

此岸	对岸
••••	AB CD
abc•	••• d

④随从 d 回来载任意 2 个随从过河。

此岸	对岸
••••	AB CD
a•••	• bcd

⑤1 个随从过来载剩余的 1 个随从过河。

此岸	对岸
••••	AB CD
••••	abcd

048. 河中小岛

与上题假设相同。

此岸	岛	对岸
ABCD		••••
abcd		••••

①骑士 D 带着自己的随从 d 到岛上去，然后自己划船回来。

此岸	岛	对岸
ABCD		••••
abc•	d	••••

②骑士 C 将随从 c 带到对岸，然后自己回来。

```
ABCD  |    | ••••
ab•• | d | c•••
```

③骑士 C 载骑士 D 到岛上，然后自己到对岸带自己的随从 c 返回此岸。

```
ABC | D | ••••
abc• | d | ••••
```

④骑士 A、B、C 带着随从 a、b、c 直接到对岸去（参照问题 **42** 的解答）

```
•••• | D | ABC
•••• | d | abc
```

⑤骑士 A 载着自己的随从到岛上，然后载着骑士 D 到对岸。

```
•••• |    | ABC D
•••• | ad | •• bc
```

⑥随从 c 先把 a 载到对岸，再回去把 d 载到对岸。

```
•••• |    | ABCD
•••• |    | abcd
```

049. 火车 A、B

火车站附近的铁路如图 125 所示。

首先，火车 B 沿轨道行驶，直到全部车厢都通过了避让线的入口，然后开始退入避让线，把能容纳在避让线内的车厢全部留在轨道上，其余部分和火车头开出避让线继续向前开。这时火车 A 要进站了，当 A 的全部车厢通过避让线的入口时，立即停车，把最后一节车厢和留在避让线内的车厢连在一起，然后继续往前开，把全部车厢从避让线里拖出来以后，

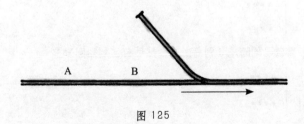

图 125

开始后退，一直退到避让线的入口以后，再和连接的火车 B 的车厢分开。在火车 A 退到避让线入口后其间，刚才开走的火车 B 的火车头和一部分车厢再退入避让线，让火车 A 先行通过，之后火车 B 的火车头和一部分车厢再开出避让线，再在干线上倒退并与留在铁轨上的车厢连接上以后，在火车 A 的后面继续前进。

050. 六艘汽船

船的位置和河道、港湾的情况如图 126。

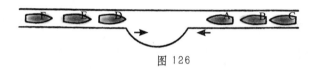

图 126

首先，B、C 两船向后退（向右），A 开进港湾，然后 D、E、F 沿河道前进，全部过了港湾后，A 从港湾出来继续往前（向左），然后 D、E、F 再退回到港湾的左边，依次让 B 和 C 像 A 那样先后开进港湾，在 C 进入港湾后，D、E、F 就可以按原航向继续航行了，D、E、F 经过港湾后，C 即可以从港湾出来继续前行了。

数学漫画 ㉚

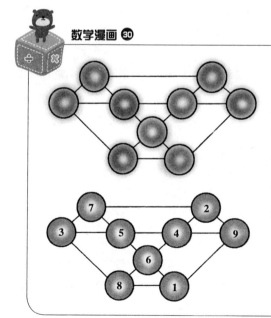

问：爱因斯坦喜欢猜谜，有一天他提出了这样一个问题：图中 9 个○是 4 个小等边三角形和 3 个大等边三角形的顶点，在○中填入 1 至 9 的数字，使 7 个三角形顶点中的数字之和都相等。

答：如图。

第五章 分配问题

051. 不要分得太细

先把 5 块饼干中的 3 块平分成两半，就得到大小相等的 6 块半份饼干，平分给 6 个孩子一人一块，然后把剩下的 2 块完整的饼干每块分成三等分，这样又得到大小相同的 6 块饼干，再平分给孩子们，问题就解决了，所有饼干都没有分成 6 等分。

052. 两个樵夫

两个人的办法都不对，11 块面包 3 个人吃，相当于每个人吃了 $\frac{11}{3}$。

帕维尔拿出 7 块面包，自己吃了 $\frac{11}{3}$，所以他分给猎人了 $7 - \frac{11}{3} = \frac{10}{3}$ 个面包。

尼基塔拿出 4 块面包，自己吃了 $\frac{11}{3}$，分给猎人只有 $\frac{1}{3}$。

猎人一共吃了 $\frac{11}{3}$ 个面包，付出了 11 戈比，刚好等于每 $\frac{1}{3}$ 块面包 1 戈比。帕维尔分给猎人 $\frac{10}{3}$ 个面包，他该得 10 戈比，尼基塔只分给猎人 $\frac{1}{3}$ 块面包，他应该得 1 戈比才对。

053. 分麦子

由伊凡提出建议，按这样的办法来分麦子：

"首先我用目测法把麦子分成 3 堆，我自己当然觉得每堆都一样了，所以请彼得挑出他觉得最小的一堆，如果尼克莱也觉得那堆少于 $\frac{1}{3}$，那堆就归我，剩余的两堆麦子你俩可以用以前的办法来分配。如果尼克莱觉得那堆麦子大于 $\frac{1}{3}$，那堆麦子就归尼克莱，彼得从剩余的两堆中挑选一堆，最后剩下的一堆归我。"

这种分法农夫们都同意，然后大家就都满意地扛着自己分得的麦子回家了。

054. 平分三份的方法

所有木桶的大小相同，所以三个人平均各得 7 个木桶，接下来就要计算酒怎么分。

装满酒的桶有 7 个，空桶有 7 个，如果把 7 个装满酒的桶分一半给 7 个空桶，那么这 14 个木桶就都装了半桶酒，再加上原来就有的 7 个装一半酒的桶，总共就有 21 个半桶的酒，每人得 7 个半桶酒。由此可知，在桶内的葡萄酒不转移的条件下，三人平均获得等数木桶和等量葡萄酒的方式为：

	全满	半满	空桶
第一个人	2	3	2
第二个人	2	3	2
第三个人	3	1	3

还可以有另一种分法：

	全满	半满	空桶
第一个人	3	1	3
第二个人	3	1	3
第三个人	1	5	1

055. 平分两份的方法

答案是有两种分法，不过都得要反复将 8 斗木桶里的酒倒入两个空斗里再倒出来，通过这种方式分出 4 斗酒来。

答案如下表，其中的数字表示每倒一回，各木桶中剩余的葡萄酒数量。

答案 1

	8 斗	5 斗	3 斗
在还没倒之前	8	0	0
倒第一次以后	3	5	0
倒第二次以后	3	2	3
倒第三次以后	6	2	0
倒第四次以后	6	0	2
倒第五次以后	1	5	2
倒第六次以后	1	4	3
倒第七次以后	4	4	0

	8斗	5斗	3斗
在还没倒之前	8	0	0
倒第一次以后	5	0	3
倒第二次以后	5	3	0
倒第三次以后	2	3	3
倒第四次以后	2	5	1
倒第五次以后	7	0	1
倒第六次以后	7	1	0
倒第七次以后	4	1	3
倒第八次以后	4	4	0

056. 二等分

答案 1

16斗	11斗	6斗
16	0	0
10	0	6
0	10	6
6	10	0
6	4	6
12	4	0
12	0	4
1	11	4
1	9	6
7	9	0
7	3	6
13	3	0
13	0	3
2	11	3
2	8	6
8	8	0

答案 2

16斗	11斗	6斗
16	0	0
10	0	6
10	6	0
4	6	6
4	11	1
15	0	1
15	1	0
9	1	6
9	7	0
3	7	6
3	11	2
14	0	2
14	2	0
8	2	6
8	8	0

问：有名的大众情人唐璜，一直都很讨厌数字，他说："看到数这个字，就知道一点也没用！"边说还边用手指点"数"这个字。请问，他是什么意思呢？

答：把"数"拆开来就是米＋女＋文，米可以拆分成八十八。

所以唐璜的意思就是："写情书（文）给八十八岁的老女人，当然一点用也没有！"

057. 分葡萄酒

答案 1			答案 2		
6斗	3斗	7斗	6斗	3斗	7斗
4	0	6	4	0	6
1	3	6	4	3	3
1	2	7	6	1	3
6	2	2	2	1	7
5	3	2	2	3	5
5	0	5	5	0	5

类似的分配问题，我们可以很容易地举出一大堆例子，但是光看答案并不能让大家了解中间有些什么样的规律，现在我们换个角度来看问题——用图形来寻找答案。

为了让大家理清思路，我们先来看问题 57。将倒了几次葡萄酒之后，第 1 个木桶和第 2 个木桶中的葡萄酒分别用 x 和 y 来表示，那么不管怎么转移，葡萄酒的总量是不变的，也就是 4+6=10 斗。

因此，我们可以把第 3 个木桶里的葡萄酒表示为 $10 - x - y$

此外，各桶的葡萄酒数量绝不可能大于其容量，所以可以列出如下的不等式：

$$\begin{cases} 0 \leqslant x \leqslant 6 \\ 0 \leqslant y \leqslant 3 \\ 0 \leqslant 10 - x - y \leqslant 7 \end{cases} \quad 即 \quad \begin{cases} 0 \leqslant x \leqslant 6 \\ 0 \leqslant y \leqslant 3 \\ 3 \leqslant x + y \leqslant 10 \end{cases}$$

接下来，在一块方便作图的方格纸上，以 O 为原点画出两条互相垂直的坐标轴 x 和 y，在图上标出对应上述不等式的点和线，将它们的交集用阴影部分标识出来，如图 127 所示，四边形 PSRQ 的周边及内部就是满足不等式的所有点的集合。其中点 A（$x=4$，$y=0$）是一开始葡萄酒的分配情况，而符合题目要求的分配情况显然就是点 B（$x=5$，$y=0$，这时第 3 个木桶里有 5 斗葡萄酒）。

从 A 到 B 连续转移酒的过程，在图中都用点来表示，按照顺序把每两点连接起来就成一折线，它表示了从 A 点开始到 B 点结束的整个过程。

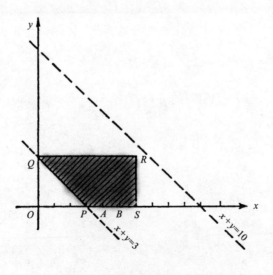

图 127

下面我们来说明这条折线的顶点以及每边所需的充分条件。

每次转移葡萄酒时，必须使其中 1 个木桶装满葡萄酒，或另外 1 个木桶空了才能停止，也就是说，每次倒完酒之后，至少会有 1 个空桶或装满葡萄酒的木桶。那么在四边形 $PSRQ$ 中，哪些点是符合条件的呢？当第 1 个木桶装满时（$x=6$），这个点应该在线段 RS 上，当第 1 个木桶空着时，第 2 和第 3 个木桶必须装满才行（$3+7=10$），符合这一条件的点只有一个：点 Q。同理，当第 2 个木桶为空时（$y=0$），对应点就应该在线段 PS 上，而如果第 2 个木桶装满的话，点就落在线段 QR 上，因为第 1 和第 2 个木桶的容量合起来不到 10 斗，所以第 3 个木桶肯定不能是空的，反之，当第 3 个木桶装满酒时，第 1 和第 2 个木桶里只装了 3 斗酒（$10-7=3$），即 $x+y=3$，这时，点位于线段 PQ 上。可见，不论怎样，点都位于四边形 $PSRQ$ 的周边上，也就是说，问题的折线顶点必然位于 $PSRQ$ 的四边上。

不知大家有没有注意到，每次转移酒时，都有 1 个木桶的酒是不会变的，因为转移只用到 2 个木桶。现在，假设第 1 个木桶里的葡萄酒不变（x 固定），将转移前后的对应点连成一线，就会发现该线与 y 轴平行（线上各点的 x 轴坐标都相同）。如果第 2 个木桶里的酒不变，那么，其所对应的折线部分必然和 x 轴平行（y 坐标固定）。如果保持第 3 个木桶里的酒不变，那么第 1、第 2 个木桶里酒的总量不变，也就是说，线段两端的 $x+y$ 相等，所对应的折线部分和线段 PQ 平行。总之，折线的各边都与 x 轴、y 轴或两轴的角平分线互相垂直。

为了使大家理解得更清楚，假设折线的边和四边形 $PSRQ$ 的边 PQ 重合，这是为什么呢？因为这条边和 x 轴、y 轴形成一个等腰三角形，这样，转移葡萄酒时就和第 3 个木桶无关。不仅如此，当第 3 个木桶装满酒时，第 1 和第 2 木桶总共有 $x+y=3$ 斗酒，在这种情况下转移酒，不是第 1 个木桶变空（$x=0$，点 Q），就是第 2 桶变空（$y=0$，点 P），而四边形 $PSQR$ 的各边都有同样的情况，由此我们发现，当折线的任意部分与四边形 $PSQR$ 重合时，其终点会和 P、Q、R、S 中的某一点重合。

由此我们可以借助图形对问题进行如下分析：折线的所有顶点都位于四边形的边上，所以各部分都与 x 轴或 y 轴平行，或者和两轴形成等角，如果折线的边和四边形的边重合，其终点就必然和四边形的顶点之一重合。

经过这样的分析，问题就变得更简明了，所求的折线也更容易找到了（参照图 128、图 129）。

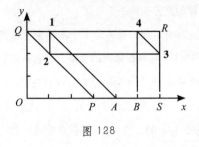

图 128

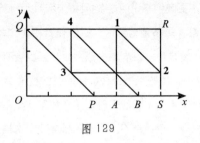

图 129

在方格纸上画折线的时候，要注意使每一部分都通过格子点，并且使顶点和格子点互相重合，这样就能很容易地画出折线来，图 128、图 129 所示折线分别与答案 1 和答案 2 对应，这一点证明起来也很容易。

至于其他问题，就是用平行四边形（题 **55**）、五边形（题 **56**）等多边形来代替四边形 *PSQR*。对于此类问题，图形以 6 边为最大极限，解法如前述，只不过多边形与点 *A*、点 *B* 的位置会稍作改变罢了。

用作图的方式来解决问题，会使概念更加清晰，不过作图太花费时间，还得再准备纸笔，所以我们现在只用作图的思路，实际并不作图，来将解题的步骤很快地重复一遍。

多边形的顶点和 2 个木桶同时达到极限状态（此时，2 个木桶不是全空，就是全满，也可能 1 个木桶全空，1 个木桶全满），这时酒的转移方式如下：

Ⅰ.首先，葡萄酒的转移至少会让 2 个木桶达到极限状态。

从图形来看，这表示从 *A* 开始画到多边形一个顶点才结束的折线。

Ⅱ.在转移葡萄酒的过程中，把没有参与上次转移的木桶里的葡萄酒倒进另 1 个桶里，并且在当时达到极限状态的 1 个木桶里的葡萄酒不变的情况下，绕一圈多边形的各顶点看看。

从图形中可以看到，应用规则Ⅱ的方式，意味着反复从多边形一个顶点移到邻近的顶点，不过顶点只有 6 个，所以按规则Ⅱ反复移到 6 次之后，又回到最初的顶点，这意味着又回复到了原来的分配方式。

反之，如果利用规则Ⅱ没有达到点 *B*，或者点 *B* 不是多边形顶点时，此时必须采用下面的办法。

Ⅲ.从点 *A* 或者多边形的任一顶点出发，重复之前的分配方式，在转移过程中，会达到分配 *B* 的方式，这是大家就会发现，在转移葡萄酒的时候，达到极限状态的木桶和不参与前一回转移的木桶都必须参与才行。

根据图形来看，如果这么做的话，就会发现办法只有一种（不过从点 *A* 出发时，有时会像前述那样分成两种折线），如果用规则Ⅲ仍不能做到 *B* 的分配时，就表示无论怎么转移葡萄酒，都不可能使葡萄酒从条件 *A* 的状态变成 *B* 的状态，换言之，如果规则Ⅲ都解决不了，那就意味着题目无解。

数学漫画 32

问：在玛丽过生日时，有人说："恭喜你，玛丽！你今年几岁？"玛丽巧妙地回答说："坐下来比站起来年轻 3 岁，倒立比站立大 3 岁。"请问，玛丽究竟几岁？

答：6 岁。

坐下来是一半，也就是 3，所以年轻 3 岁；6 倒过来是 9，所以大 3 岁。

059. 农夫与恶魔

农夫过完三次桥之后就把所有的钱给了恶魔，也就是说那时农夫身上刚好只有 24 戈比了，从这个数字往前推，就很容易得到答案了。

第三次过桥后剩 24 戈比，可见在过桥前他有 12 戈比，这钱是他给完恶魔 24 戈比之后剩下的，所以第二次过桥后他手里应该有 36 戈比。那么，在第二次过桥前他手里应该有 18 戈比，而这也是在给完恶魔 24 戈比之后剩下的，所以第一次过桥后他手里应该是 18+24=42 戈比，于是可以推断出，在第一次过桥前，农夫身上有 21 戈比。

这个故事中农夫在和魔鬼交易中损失了全部 21 戈比，这启示我们；不可随便接受他人的建议，应该靠自己的智慧来作出判断。

060. 农夫与土豆

第三个农夫为同伴各留了 4 个土豆，即一共剩了 8 个土豆，可见他自己也吃了 4 个土豆，原来碗里应该剩了 12 个土豆，那就表明第二个农夫自己吃了 6 个，给同伴各留了 6 个，说明原本碗里剩下 18 个土豆，第一个农夫吃了 9 个，给同伴留了 18 个。

现在我们已经知道开始碗里有 27 个土豆，平均每个人可吃 9 个，第一个农夫已经吃掉了 9 个，第二个农夫吃了 6 个，第三个吃了 4 个，所以剩下的 8 个土豆应该分给第二个农夫 3 个、第三年个农夫 5 个。

061. 两个牧童

这是个很古老的问题，可能很多读者会觉得熟悉。

我们先从牧童伊凡的角度看，他的羊比彼得多多少只呢?

伊凡把 1 只羊给彼得，他俩的羊数刚好一样多，如果伊凡把这只羊给了另外一个人，那么伊凡比彼得多 1 只羊，如果伊凡没有把羊给任何人，那么他的羊会比彼得多 2 只。

我们再从彼得这一方来看，他的羊比伊凡少 2 只，如果他分 1 只羊给第三者，那么伊凡就比彼得多 3 只羊，如果他把这只羊给伊凡，那伊凡的羊就比彼得多 4 只。

按照问题所说，此时伊凡的羊刚好是彼得的 2 倍，所以，如果彼得送 1 只羊给伊凡，他自己就剩下 4 只羊，而伊凡则有了 8 只羊，于是我们可以推算出，伊凡有 7 只羊，彼得有 5 只羊。

062. 奇怪的买卖

两个农妇在把苹果合起来卖的时候，苹果的售价已经在不知不觉中发生了改变。了解了这一点，问题就迎刃而解了。

我们先来看后来的两个农妇的情况。

第一个农妇本打算一个苹果卖 $\frac{1}{2}$ 戈比，第二个农妇本打算一个苹果卖 $\frac{1}{3}$ 戈比，可是当她们决定把苹果放在一起卖时，价格是 5 个苹果 2 戈比，也就是一个苹果卖 $\frac{2}{5}$ 戈比。

第一个农妇每个苹果实际损失了 $\frac{1}{2} - \frac{2}{5} = \frac{1}{10}$ 戈比，卖完 30 个苹果一共损失了 3 戈比。

而第二个农妇则相反，每个苹果多赚了 $\frac{2}{5} - \frac{1}{3} = \frac{6-5}{15} = \frac{1}{15}$ 戈比，30 个苹果卖完一共多赚了 2 戈比。

最终，第一个农妇损失 3 戈比，第二个农妇多赚 2 戈比，合起来两人仍然亏损 1 戈比。同样的道理，很容易就明白前两个农妇为什么会"多赚 1 戈比"的原因了。

063. 捡钱包

农夫们并没有算出真正的分数，实际上把他们四人得到的比例数加起来，$\frac{1}{3} + \frac{1}{4} + \frac{1}{5} + \frac{1}{6} = \frac{57}{60}$，要少于他们捡到的钱（所有捡到的钱应为 $\frac{60}{60}$），现在是把农夫捡到的钱和骑士自己的钱合起来然后除以 60，农夫们分得 $\frac{57}{60}$，骑士获得 $\frac{3}{60}$ 即 $\frac{1}{20}$。

我们知道最后骑士得到钱包里的 3 卢布，也就是说 3 卢布相当于总钱数的 $\frac{1}{20}$，由此可得出总钱数为 $3 \times 20 = 60$ 卢布。其中卡普得到 $\frac{1}{4}$，也就是 15 卢布，但如果骑士不加上自己的钱，卡普所得的钱会少 25 戈比，也就是：

15 卢布 − 25 戈比 = 14 卢布 75 戈比

这刚好是农夫们捡到钱的 $\frac{1}{4}$，由此我们可以推算出农夫们捡到的钱一共是：14 卢布 75 戈比 ×4 = 59 卢布。

这笔钱加上骑士的钱合计为 60 卢布，可见骑士加的金额是 1 卢布，他加进 1 卢布，拿走了 3 卢布，很显然，他在帮农夫分钱的时候，自己也获得了 2 卢布的利益。

至于钱包中有多少种类的钞票？

可以推算出来，钱包里有 10 卢布的钞票 5 张，5 卢布、3 卢布、1 卢布的钞票各 1 张。

骑士分给希多 2 张 10 卢布的钞票，也就是 20 卢布；分给卡普 1 张 10 卢布、1 张 5 卢布的钞票，也就是 15 卢布；分给帕风 12 卢布，分别为 1 张 10 卢布、2 张 1 卢布（其中 1 张 1 卢布是骑士加进来的）；分给博卡 10 卢布的钞票 1 张。在按农夫们的要求分完钱之后，骑士将剩下的 1 张 3 卢布和钱包一起拿走了。

064. 分骆驼

这真是一位极有智慧的长老，他先把自己的骆驼暂时加进骆驼群，使骆驼数变为 18 头。

这样就能按老人的遗言分配骆驼了：

给老大 $18 \times \frac{1}{2} = 9$ 头

给老二 $18 \times \frac{1}{3} = 6$ 头

给老三 $18 \times \frac{1}{9} = 2$ 头

9+6+2=17 头，长老又牵着自己的那头骆驼回家去了。

这个问题的关键和前一题类似，按照老人的遗言，3 个儿子分得的骆驼比例合计小于 1，实际只有：$\frac{1}{2} + \frac{1}{3} + \frac{1}{9} = \frac{17}{18}$ 而已。

数学漫画 33

问：嘟嘟和多多是一对双胞胎。有人问："你们俩几岁啊？"她俩异口同声地回答："分开是 0 岁，有时会变成 3 岁或 4 岁。"她俩到底几岁？

答：8 岁。

8 横着分开是两个 0，竖着分开是两个 3，分两半各是 4。

065. 桶里的水

要使桶里的水刚好是一半，只需把桶倾斜到使水刚好到达桶口边沿，这时水面和桶底的最高点等高如图130（a）所示。因为桶的上下圆周相对的点的连线所在的平面，刚好把木桶分成两半，如果水不到半桶，那么，就有一部分桶底会露出水面，如图130（b）所示，反之如果桶里的水超过一半，那么水面会高于桶底，如图130（c）所示。

男子用这个办法很轻松就完成了农夫要求的工作。

（a）   （b）   （c）

图 130

066. 分配卫兵

按照图131、图132的方法分配即可。

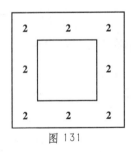

图 131   图 132

067. 粗心的主人

仆人先从酒柜四周的中央各偷一瓶酒，为了不让主人怀疑，他从四周中央各移一瓶酒到角落的格子里，这样就让每边的酒瓶数仍然是21瓶。这样反复偷四次，一共偷16瓶酒也不会被粗心的主人发现（方法如图133所示）。

第一次

7	7	7
7		7
7	7	7

第二次

8	5	8
5		5
8	5	8

第三次

9	3	9
3		3
9	3	9

第四次

10	1	10
1		1
10	1	10

图 133

除此而外，仆人还有其他摆放酒瓶的方式，但是无论怎样，正方形酒柜的第一行和第三行都必须维持 21 瓶，所以 $60-21\times2=18$。

酒柜的四边格子不能为空，所以仆人最多只能偷拿 16 瓶酒，再多就会被发现了。

068. 王子和魔法师

当王子派出 3 个人，还剩 21 个人时，要让每边为 9 人的排列方法有很多，图 134 就是一例。

3 名士兵带着 3 个国王回来后，要把 27 人排成每边 9 人，图 135 就是一例。

4	1	4
1		2
4	2	3

图 134

2	5	2
5		4
2	4	3

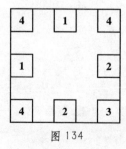

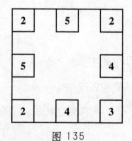

图 135

069. 找蘑菇

第三个孙子找到的蘑菇和爷爷给的一样多时，才和其他几个孙子的蘑菇数相同，这样我们很容易就能猜出来，爷爷给第三个孙子的蘑菇数是最少的。现在我们假设，爷爷给第三个孙子的蘑菇是 1 份。

那么，爷爷给第四个孙子几份蘑菇呢？

第三个孙子第二次找到的蘑菇数和爷爷给的一样，所以回家时他有 2 份蘑菇；第四个孙子回家时也有 2 份蘑菇，但他半路上丢了一半的蘑菇，所以可以推断出爷爷给了他 4 份蘑菇。

第一个孙子也带 2 份蘑菇回家，但其中 2 个是他后来找到的，可见爷爷原本给他了（2份－2个）蘑菇；第二个孙子回家时也是 2 份蘑菇，但在途中丢了 2 个，可见爷爷开始给他了（2份+2个）蘑菇。

那么，爷爷给四个孙子的蘑菇分别是 1 份、4 份、（2份－2个）、（2份+2个），合计是 9 份，爷爷给的蘑菇一共 45 个，于是我们知道每份有 $45 \div 9 = 5$ 个蘑菇。

爷爷给第三个孙子 1 份蘑菇，也就是 5 个；给第四个孙子 4 份，也就是 $5 \times 4 = 20$ 个；给第一个孙子（2份－2个）蘑菇，也就是 $5 \times 2 - 2 = 8$ 个；给第二个孙子（2份+2个）蘑菇，也就是 $5 \times 2 + 2 = 12$ 个。

070. 总共几个蛋

这个问题显然得要找出能被 7 整除，同时被 2、3、4、5、6 除都余 1 的数。首先，能被 2、3、4、5、6 整除的最小数（也就是它们的最小公倍数）为 60，接着我们来寻找能被 7 整除，同时又是 60 的倍数加 1 的数，从小到大去找，很快就能找到答案。

比如：60 除以 7 余 4，不满足条件，2×60 除以 7 余 1，

即 $2 \times 60 = 7 \times 17 + 1 =$（7 的倍数）$+1$

所以：$(7 \times 60 - 2 \times 60) + 1 = 7 \times 43 =$（7 的倍数）

相当于：$5 \times 60 + 1 =$（7 的倍数）

最后可求出问题的答案，最小为：$5 \times 60 + 1 = 301$

由此可得，农妇篮子里的鸡蛋最少有 301 个。

问：一个老人带着一只羊、一匹狼和一篮卷心菜要到邻村去。到河边后，那儿既没有桥，也没有船，只能从浅滩过去，但是每次只能带一种东西。山羊和狼一起时，狼会把羊吃掉，山羊和卷心菜一起时，羊会把卷心菜吃掉，如果想要各自相安无事地过河，应按什么顺序来？

这就是有名的渡河问题。

答：因为山羊怕被狼吃了，又会吃卷心菜，所以从山羊入手，问题就简单了。

先把山羊带到对岸，老人自己回来；

再把狼带到对岸，老人带着山羊一起回来；

接着把卷心菜带到对岸，老人自己回来；

最后把山羊带到对岸。

★ 这种渡河问题，出现的角色越多，玩法越复杂，也就越有趣。

071. 调时钟

要解决这个问题，关键是要知道彼得回家所需要的确切时间。彼得先把钟上好发条，然后立即出发去伊凡家，出门前记下当时的时间 a；到伊凡家之后立刻询问时间，假设是 b；在离开伊凡家之前再看一次表，假设当时是 c；回家后立刻看时间为 d。这样一来，$d - a$ 就表示彼得离开家的时间，$c - b$ 表示彼得在伊凡家里待的时间，两者之间的差 $(d - a) - (c - b)$ 就表示彼得往返的时间，假设来回所花费的时间相等，那么单程的时间就为：

$$\frac{b + d - a - c}{2}$$

加上离开伊凡家的时间c，就可知彼得回到家时的正确时间：

$$\frac{b+c+d-a}{2}$$

072. 被墨水弄脏的数字

按照题中所给的条件，收入一定小于9997卢布28戈比，所以卖出的布也必然小于999728÷4936＝202匹。

未知匹数的最后一位数字乘以单价末位6之后，积为8的情况，只有3和8两种。

假设未知匹数的最后一位数字为3，那么3匹布料价值14808戈比，把它从总收入里刨除，末三位数应是920。

匹数的最后一位数字为3，那么，倒数第2个数字不是2就是7，因为乘以6的时候，积的末位数字为2只有这两种情况。

我们把未知匹数的末两位假设为23，然后把23匹布的价钱从收入里面扣掉，末三位数应为200，可以推得，未知匹数的倒数第三个数字不是2就是7，但是我们已经从前面的推断中得知，未知匹数小于202匹，所以假设与条件不符。

我们再把未知匹数的末两位假设为73，然后就会发现未知匹数的倒数第三位数只有4和9两种情况，也和条件不符。

那么，未知匹数的最末位数不可能是3，就只剩下8一种情况了。用同样的方式推断出倒数第二位数只有4和9两种可能，结果就发现只有9才是符合条件的答案。

所以，问题的答案是唯一的，即卖出的布匹数为98匹，总收入为4837卢布28戈比。

073. 白吃白喝的士兵

从老板正对的左侧第8个士兵开始数即可。第二种情况，则是从老板对面按顺时针方向数第4个士兵开始数。

074. 车夫和客人的赌注

马车夫只顾着炫耀，没想到自己需要换多少回马，现在我们来帮他算算吧！

用1、2、3、4、5分别代表5匹马，这5个数字的排列形式共有多少种呢？

我们知道，2个数字的排列方式有（1，2）和（2，1）两种，1、2、3这3个数字的排列方式，以1打头的有两种，以其他数字打头的也一样，所以3个数字的排列方式有

$3 \times 2 = 6$ 种。

实际的排列情况如下：

123，213，312

132，231，321

以此类推，4 个数字的排列方式，以 1 打头的有 6 种，那么 4 个数字的全部排列组合方式就有 4×6 种。

$4 \times 6 = 4 \times 3 \times 2 \times 1 = 24$

同理，5 个数字的排列方式，不管是 1、2、3、4 还是 5 打头，各有 24 种排列，共有 $5 \times 24 = 5 \times 4 \times 3 \times 2 \times 1 = 120$ 种排列方式

由此可以推论出，n 个数字（1，2，3，…，n）的排列总数与 1，2，3，…，n 的乘积相等（一般用 $n!$ 来表示）。

我们再回到题目上来，前面已经算出 5 匹马共有 120 种组合，马车夫要换 120 回，每回至少 1 分钟，所以，全部组合换完至少需要 2 小时，马车夫输定了！

075. 谁的妻子

假设一位丈夫买了 x 件商品，按照题中的条件，他得花 x^2 个戈比，同时，假设一位妻子买 y 件商品，那么她必须支付 y^2 个戈比，由此我们可以得到如下的方程式：

$x^2 - y^2 = 48$

$\longrightarrow (x - y)(x + y) = 48$

根据题目条件，x、y 都必须是整数，而且 $(x - y)$ 或 $(x + y)$ 必须为偶数才能使上面的式子成立，所以

$\qquad x + y > x - y$

现在，我们把 48 进行因式分解，符合问题条件的只有下面三种情况：

$48 = 2 \times 24$

$\quad = 4 \times 12$

$\quad = 6 \times 8$

也就是：

$x - y = 2 \qquad x - y = 4 \qquad x - y = 6$

$x + y = 24 \qquad x + y = 12 \qquad x + y = 8$

解这三组方程可以得到 $x = 13$，$y = 11$；$x = 8$，$y = 4$；$x = 7$，$y = 1$ 三组答案。其中，

伊凡比卡特里娜多买了9件商品，符合的情形只有一种，伊凡买了13件商品，卡特里娜买了4件；同时，彼得比玛莉亚多买了7件，这种情形也只有一种，就是彼得买了8件，而玛莉亚只买了1件，由此可知这三对夫妻的组合是：

伊凡 13 件　彼得 8 件　　亚力克 7 件

安娜 11 件　卡特里娜 4 件　玛莉亚 1 件

数学漫画 35

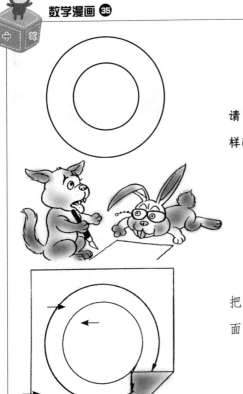

问：左图是一个大圆套小圆，请问，笔不离开纸，能一笔画出这样的图形吗？

答：先画出中间的小圆，然后把纸的一角如图往上折，再画出外面的圆。

第七章 折纸的问题

076. 长方形的做法

把不规则形状的纸放在桌上，沿一条边折一条折线，假设折线为XX′，沿这条线把多余的部分裁掉，接下来在XX′找一点D，使直线XX′完全重合，加以对折，做成顺沿直线DY的折线，将纸展开，发现折线DY与XX′成直角时，∠YDX′与∠YDX一定相同，和前面一样，沿着新的折线把多余的部分裁掉。

重复上述方法，可得到BC与BA的边，∠A、∠B、∠C、∠D都相等，且都为直角，同时BC与CD，各自与AD与BA相等，如此得到的纸片ABCD（如图136）形状为长方形，重叠之后会发现它的性质：

四个角都是直角；

四条边不一定相等；

但是长的两边与短的两边各自相等。

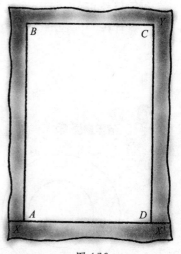

图 136

077. 正方形的做法

用一张长方形的纸A′BCD′，将短的一边斜着折起，如图137，使BC和长边BA′重合。

这样一来，C点会位于BA′上面点A的位置，并在CD′得到顶点D，连接AD，将A′D′DA裁掉，把剩下的部分展开，所得图形ABCD就是一个正方形，图形的4个角都是直角，而且每条边的边长都相等。

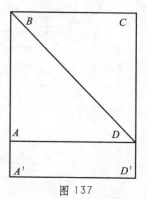

图 137

078. 等腰三角形的做法

在正方形的纸上，将相对的两边对折（如图138），就得到通过两边中点垂直于两边的直线。在这条中央线上任选一点，与两边的正方形顶点连接，就可以得到以正方形一边

越玩越聪明的数学机智游戏

为底边的等腰三角形，中央线把这个等腰三角形分为两个全等的直角三角形，同时也平分等腰三角形的顶角。

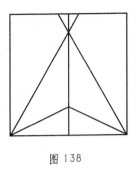

图138

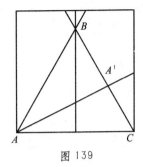

图139

079. 正三角形的做法

在正方形的中央线上找出一点，这一点到底边两个顶点的距离等于正方形的边长，连接该点和底边两顶点，就得到一个正三角形（如图139）。

要找出这一点也很容易，只要固定底边顶点 *A*，将另一顶点 *C* 向上折，*C* 与中央线重合的点即为 *B*。

080. 正六边形的做法

如图140所示，做出正方形对边中点的折线，就可以得到直线 *AOB* 和 *COD*，同时，以折线 *AO*、*OB* 为边，以之前的同样的方法，可以做出正三角形 *AOE*、*AOH*、*BOF* 与 *BOG*。

接着来做折线 *EF* 和 *HG*。

现在可以发现多边形 *AECFBGDH* 即为正六边形，连接六边形上的两点的最大距离显然就是 *AB*。

081. 正八边形的做法

按前面的方式折出正方形，然后在里面再做一个正方形（如图141），接着再做出大正方形与内接正方形之间的角平分线，将其交点设为 *E*、*F*、*G*、*H*。

这样得到的多边形 *AEBFCGDH* 就是要求的正八边形。实际上，其中的三角形 *AEB*、*BFC*、*CGD* 和 *DHA* 都为全等的等腰三角形，因此，所得八边形的八条边全部相等。

同时，多边形 *AEBFCGDH* 的8个角相等，互相全等的等腰三角形的底角为直角

的 $\frac{1}{4}$，其顶角 $\angle E$、$\angle H$、$\angle G$、$\angle F$ 为直角的 1.5 倍，而正八边形的 $\angle A$、$\angle B$、$\angle C$ 和 $\angle D$ 显然也是直角的 1.5 倍，由此可见，正八边形的角全部相等。

另外，正八边形上两点之间的最大距离就是大正方形的边长。

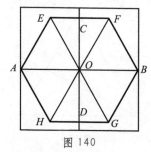
图 140

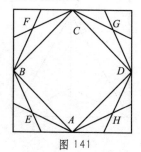
图 141

084. 怎么分割

可用厚纸（最好是没有图案的方格纸）来解决这一问题。裁切及拼接方法参照图 142 和图 143，可以看出：由原来 3 个正方形所切成的 4 个图形都全等。

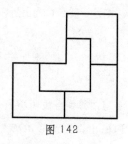
图 142

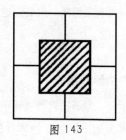
图 143

085. 长方形变正方形

参考图 144 与图 145，很快就能得到问题的答案，这个问题虽然简单（$4 \times 9 = 6 \times 6$），但还是要用图形来说明。不仅如此，所有类似的问题，也就是将某一图形分割再拼接成不同形状的问题，还可以应用于更复杂的问题中。大家如果有兴趣的话，可以继续深入研究。

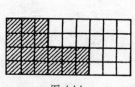
图 144   图 145

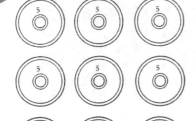

问：有9个5元的硬币，一共45元钱。要把硬币分装进4个盒子里，要求每个盒子里装的硬币必须是奇数个，要怎么装？

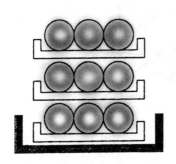

答：3个盒子，每个装6个硬币，然后把3个盒子一起放进一个更大的盒子里，问题就解决了。

086. 长方形地毯

参考图146，答案一目了然，将 A、B 两部分分开，再把 B 部分向左移，插入 A 的锯齿之间，这样就可以得到一个完美的长方形，同样也可以做出正方形。

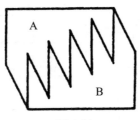

图146

087. 两块方地毯

如图 147。

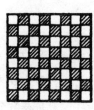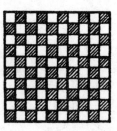

图 147

088. 玫瑰图案的地毯

如图 148。

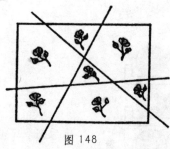

图 148

089. 把正方形分成 20 个全等三角形

①画出连接正方形各边中点及对边一个顶点的 4 条直线；②从正方形各边中点开始画与前面所画的直线平行的直线，直到与前面所画的直线相交为止；③在这样所画出的长方形上，再画出对角线，就可以得到几个全等的直角三角形，同时在中间所形成的小正方形，也能分隔成与这些直角三角形全等的 4 个直角三角形，合起来就可知：一个正方形可以分隔成 20 个全等的直角三角形（如图 149）。

同时，这样画出的直角三角形一条边长是另一条边长的 2 倍。

此外，这 20 个直角三角形还可以拼成 5 个全等的正方形（如图 150）。

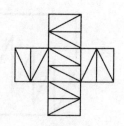

图 149　　　　　　　　　　图 150

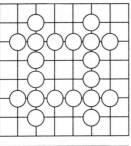

问：棋盘上的棋子如图所示排列，现在要沿线把所有的棋子拿掉，但棋子不能跳越，怎么拿？

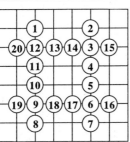

答：按如图所示顺序拿。

090. 十字形变正方形

如图 151、图 152 所示，答案有两个。图 152 只需切两刀就可以解决问题，可以说是既聪明又简单的解法。

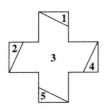

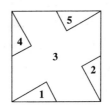

图 151

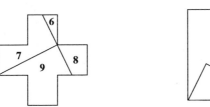

图 152

091. 一个正方形变三个全等正方形

假设图 153 的 *ABCD* 就是问题所说的正方形，在边 *DC* 上画等于正方形对角线一般长度的线段 *DE*，连接 *A* 和 *E*，并在直线 *AE* 上画垂线 *DF* 与 *BG*，接着在 *GB* 与 *AE* 上画出与 *DF* 相等的线段 *GH*、*GK* 和 *FL*，如图 153 所示。画出通过 *K*、*L*、*H* 而与 *DF* 平行或垂直的直线，沿着这些直线，就可以把正方形分成 7 个部分，把这 7 个部分按图 154 的方式拼接，就可得三个全等的正方形。

现在给大家相似的三角形，以及前面问题所证明的勾股定理，就能得到：

$$3|DF|^2 = |AB|^2$$

关于这个等式的证明，请读者自己做做看。

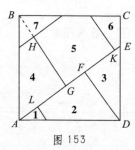

图 153

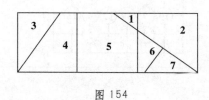

图 154

092. 一个正方形变成大小两个正方形

如图 155 所示分割正方形。直线 *DF* 与 *GB*、点 *L* 如前题设定，接下来画出与正方形边平行的 *GH* 和 *GI*，并取点 *K*，使 *HK* = *GH*，图 155 (*b*)。

通过这种方式可以得到 8 个部分，将它们拼接起来，就可以得到问题所要求的两个正方形，图 155 (*b*) 为其一，图 156 中央的图形为其二。

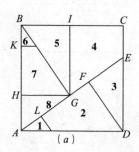

(*a*)

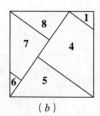

(*b*)

图 155

093. 一个正方形变成大中小三个正方形

正方形的分法和前题完全相同（如图155），不过拼接的方法如图156，可以得到三个正方形

可以通过这些图形，用数学的方法来证明各个图形面积的比例，很适合用来探究这些图形的本质。

图 156

094. 六边形变正方形

首先，沿对角线把正六边形二等分，然后再重新组合成平行四边形 *ABFE*（如图157）。以点 *A* 为圆心，以 *AE* 与平行四边形高的平均数为半径画圆，圆会与 *BF* 相交于点 *G*，接着画出点 *E* 到 *AG* 延长线的垂线 *EH*，然后以 *AE* 的中点 *I* 作 *EH* 的平行线 *IK*，于是六边形就被分成了5个部分，把它们拼接起来可以得到一个正方形，有关这一问题的更详细部分，请有基础平面几何知识的读者自己来试试。

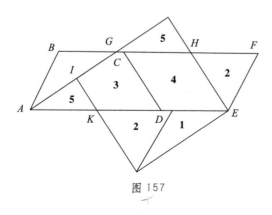

图 157

数学漫画 **38**

问：不知为何，火柴棒的标准长度被定为 52mm，能用 5 根火柴棒做成 1M 吗？

答：如左图。

第八章 图形的魔术

097. 奇妙的修补

很明显，切正方形所形成的直角三角形 A 和 B 是全等的，梯形 C 和 D 也是全等的。梯形较短的底边和直角三角形最短的边都是 3cm，所以，将三角形 A 和梯形 C、三角形 B 和梯形 D 组合，图形肯定是相同的，秘密何在？看图 158 就明白了。

$$\tan(\angle EHK) = \frac{8}{3}$$

$$\tan(\angle HGJ) = \frac{5}{2}$$

$$\frac{8}{3} - \frac{5}{2} = \frac{1}{6} > 0$$

即 $\angle EHK > \angle HGJ$

图 158

其实，GHE 不是直线而是折线，EFG 同样也是折线，两者所接成的长方形面积确实等于 65cm²，可是这个长方形中间有个面积为 1 的平行四边形缝隙，可以看到，这条缝隙横向的最大宽度为

$$5 - 3 - 5 \times \frac{3}{8} = \frac{1}{8} \text{（cm）}$$

狡猾的工匠在修理时巧妙地掩盖了这条缝隙，使人误以为出现了奇迹。

还可以把 A、B、C、D 四部分拼成不同的图形（如图 159）。

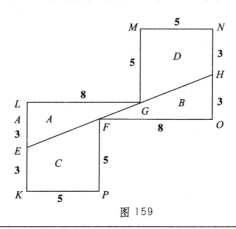

图 159

多边形 *KLGMNOFP* 看起来似乎可以分成两个 5×6 cm^2 的小长方形和 3×1 cm^2 的小长方形，其面积和为 $2 \times 30 + 3 = 63$ cm^2。

但是，原来 *A*、*B*、*C*、*D* 四部分的面积和应该是 64 cm^2。秘密就在于，点 *E*、*F*、*G*、*H* 并不在一条直线上，读者得仔细观察和研究才行。

098. 另一种魔术

小直角三角形的两条直角边并不相等，这才是问题的关键所在，一条直角边是 8cm，另一条直角边是 7cm，所以组合以后的长方形的长并不是 9cm，而是：

$$8 + \frac{8}{7} = 9\frac{1}{7} \text{ cm}$$

其面积为

$$7 \times 9\frac{1}{7} = 64 \text{ (cm}^2)$$

并不矛盾。

099. 类似的问题

仔细观察长方形的对角线怎样和方格线相交的，见图 53 (*a*) 所示，就能发现四边形 *VRXS* 不是正方形，这一点也可以通过计算来证实。

因为三角形 *PQR* 与三角形 *TQX* 相似，所以 *PR*：*QR* = *TX*：*QX*；

即 $PR = \frac{TX \cdot QR}{QX} = \frac{11 \times 1}{13} = \frac{11}{13}$

因此，长方形 *VRXS* 的边长，一边为 12cm，另一边为 $11\frac{11}{13}$ cm；

长方形面积为 $12 \times 11\frac{11}{13} = 142\frac{2}{13}$ (cm^2)

而三角形 *STU* 与三角形 *PQR* 的面积相等，为

三角形面积为 $\frac{1}{2} \times 1 \times \frac{11}{13} = \frac{11}{26}$ (cm^2)

所以，图 53 (*b*) 的图形面积为

$$142\frac{2}{13} + 2 \times \frac{11}{26} = 143 \text{ (cm}^2)$$

100. 地球与柑橘

根据常识，答案可能会是"当然柑橘周围的空隙会比地球的大，因为地球一周约为40 000km，相比之下1m的长度实在是太渺小了，所以即使加上1m影响也微乎其微。可是对于柑橘来说，1m是个很大的数，所以增加1m造成的影响很大"。

现在我们通过计算来验证一下。假设地球的圆周为 C（m），柑橘的圆周为 c（m），那么地球的半径 $R=\dfrac{C}{2\pi}$，柑橘的半径 $r=\dfrac{c}{2\pi}$，现为 $\dfrac{C+1}{2\pi}$、$\dfrac{c+1}{2\pi}$，将这新半径减去原来的半径，于是

地球的情形：$\dfrac{C+1}{2\pi}-\dfrac{C}{2\pi}=\dfrac{1}{2\pi}$

柑橘的情形：$\dfrac{c+1}{2\pi}-\dfrac{c}{2\pi}=\dfrac{1}{2\pi}$

结果，无论是地球的情形还是柑橘的情形，所产生的空隙皆为 $\dfrac{1}{2\pi}$ m，约为16cm。为何会有如此惊人的结果？因为不论任何圆，其圆周与半径的比都是固定的。

数学漫画 39

问：数学大师阿基米德的墓也与众不同（如图）。如果将圆柱和球的体积算出来，会是一个完美的比例。请试着用下面的公式求出这个比例。

圆柱底面的直径与球的直径相等，且球内接于圆柱。

圆柱体积 $=\pi r^2 h$

球体积 $=\dfrac{4}{3}\pi r^3$

答：由于球内接于圆柱，$h=2r$，因此两体积比如下：

球 : 圆柱

$=\dfrac{4}{3}\pi r^3 : 2\pi r^3$

$=2 : 3$

第九章 猜数字游戏

101. 猜数字

这并不是魔术，而是依据正确的计算得来的。

要从5数到9，需要数5、6、7、8、9才行，那么从9数到5也要数9、8、7、6、5才行，只是顺序相反。如果指着9说"5"，指8说"6"，那么要达到5，说出的数字就为"9"。按照这个方向，把12个数全部数一遍再回到5，所以是从所指的数字9，逆时针方向9加12，数到21点就能得到。

反之，假定所设定的数为9，指着5的时候，顺时针方向从9到5是9，10，11，12，12+1，12+2，12+3，12+4，12+5数到17，所以从5出发，逆时针方向数17，就到所设定的数字9。

102. 还剩多少

假定对方两手各握着 n 根火柴（此时 $n \geqslant b$），你让他从右手转移到左手 a 根火柴（这时 $a<b$），那么移动之前两手各有 n 根火柴，移动之后，左手变成 $n+a$（n 必然大于 a），右手变成 $n-a$，然后你再让他把右手的 $(n-a)$ 根火柴全部放下，并从左手中减去右手放下的火柴数，左手就变成

$(n+a) - (n-a) = 2a$

最终，对方左手有 $2a$ 根火柴，右手则是空的。

103. 差距是多少

任意一个两位整数都可以用 $10a+b$ 来表示，其中 $0 \leqslant a \leqslant 9$，$0 \leqslant b \leqslant 9$，题中所说的差距为

$10a+b - (10b+a) = 9(a-b)$

显然这个数是9的倍数，如果用 $10k+l$ 来表示这个差距（$k \leqslant 9$，$l \leqslant 9$），那么

$10k+l = 9k + (k+l)$

可见 $k+l=9$，所以对方告诉你个位数，你用9减去它就得10位数了。

例如，设定数37

$73 - 37 = 36$

对方告诉你各位数是 6，你立刻算出十位数是 $9 - 6 = 3$。假如设定数 54，$54 - 45 = 9$，知道个位数是 9，可得十位数是 $9 - 9 = 0$，即差数就是 9。

104. 商是多少

这个商等于你所指定的数字两端的差乘以 11。

例如，选定数字 845，那么

$845 - 548 = 297$

$297 \div 9 = 33 = (8 - 5) \times 11$

我们来证明这一规则，三位整数可以表示成 $100a + 10b + c$ 的形式，此时 a、b、c 分别代表百位、十位和各位的数字，而且满足 $0 < a \leqslant 9$，$0 \leqslant b \leqslant 9$，$0 \leqslant c \leqslant 9$。两端的数字交换后的数字为

$100c + 10b + a$

前者减后者再除以 9 得

$$\frac{100a + 10b + c - (100c + 10b + a)}{9} = \frac{99(a - c)}{9} = 11(a - c)$$

105. 数字 1089

从前面问题的解答，我们已经知道 3 位整数与两端交换所形成的新数的差值，能够被 99 整除。本题中，两端数字的差值要大于 2，所以两数的差必然是 3 位整数，假定是

$100k + 10l + m$ $(0 < k \leqslant 9,\ 0 \leqslant l \leqslant 9,\ 0 \leqslant m \leqslant 9)$

而这个数又可以变成

$100k + 10l + m = 99k + (10l + m + k)$

因为这个数可以被 99 整除，所以 $10l + m + k = 99$，由此可知 $l = 9$，$m + k = 9$，把差数的两端交换位置，变成 $100m + 10l + k$，两者的和为

$100k + 10l + m + 100m + 10l + k = 100(k + m) + 20l + (m + k) = 100 \times 9 + 20 \times 9 + 9 = 1089$

106. 设定的数是多少

假定所设的数为 n，如题进行运算：

$n \times 2 + 5 = 2n + 5$

$(2n+5) \times 5 = 10n+25$

$(10n+25)+10 = 10n+35$

$(10n+35) \times 10 = 100n+350$

$(100n+350)-350 = 100n$

$100n \div 100 = n$

最后必然得所设定的数 n。

看了解答，各位读者会发现这类问题应用的范围非常广，例如要使最后计算的结果成为所设定数的 100 倍，只要在计算中乘以 2、5 及 10 即可，但要减的数不是 350 而是其他设定数时，需要注意上题采用 350 的原因，因为计算是加 5 之后乘以 5，等于 25，再加 10，等于 35，再乘以 10，等于 350，这样得来的。所以，如果从最后的结果减去其他不是 350 的数，也要随之改变 5 和 10 以外的加数，比如，用 4 代替 5，12 来代替 10，很明显的，最后的计算结果要减去的数得设为 320（因为 $4 \times 5 = 20$，$20+12 = 32$，$32 \times 10 = 320$），剩下的数会变成原来设定数的 100 倍，通过这种方式可将条件变化应用。

同理，将所设的数乘以 2，乘以 5，再乘以 10，显而易见所乘的数为 100（即 $2 \times 5 \times 10 = 100$）。

因此，这里计算的最后结果就是所设数的 100 倍，不管用什么数来乘，将其积乘以 100 即可，所以乘数仍用 2、5、10，即使改变顺序，先乘以 5，再乘以 10，最后乘 2 也无妨。

同样，用其他数来代替 2、5、10 也能使积变成 100，比如 5、4、5 和 2、2、25。不过在变换乘数和减数时，最后所减的数也一定要跟着变。例如，设定数为 8，乘数为 5、4、5，加数为 6，那么

$8 \times 5+6 = 46$

$46 \times 4 = 184$

$184+9 = 193$

$193 \times 5 = 965$

要使结果为设定数的 100 倍，必须减去 165（由 $6 \times 4 = 24$，$24+9 = 33$，$33 \times 5 = 165$ 得）。

如果你想进行验算的话，就把前面所剩余的数做成所设之数的 100 倍，改变 100 以外的数字，比如选择 2、3、4，其积等于 24，则所加的数选择 7 和 8。

假定所设之数为 5，乘以 2 等于 10，加 7 得 17，乘 3 得 51，加 8 得 59，最后乘以 4 得 236，此时对方告诉你 236 这个答案，你把 236 减去 116，其差 120 等于 24 的 5 倍，这样就可以猜出所设定的数为 5。

或者乘数也可以不设定 3 个，而设定成两个数：2 和 5，加数也不用两个，一个就行，在这种情况下，进行和前面一样的计算，所得的数除以 10，就是所设定的数。

要乘的数也可以设定成 4 个、5 个甚至 6 个，而加数也可以设为 3 个、4 个或 5 个，按照上述要领去做，就可以猜出设定的数。

不要加数而用减数，或者不减不加也行，例如设定数为 12，12 乘以 2 得 24，减去 5，（24 - 5）乘以 5 得 120 - 25，减去 10 得 120 - 35，乘以 10 得 1200 - 350，350 就是对方所答的数，这时你必须把答案加上 350，而不是减去 350，然后用 1200 除以 100，结果 12 就是对方所设定的数。

总之，大家可以随意变化问题的形式。

数学漫画 **40**

问：萨莫斯王问毕达哥拉斯："你的学生有几人？"

毕达哥拉斯回答："我的学生 $\frac{1}{2}$ 学数学，$\frac{1}{4}$ 学音乐，$\frac{1}{7}$ 在休息，还有 3 个女生"，请问他的学生一共有几人？

答：28 人。这是有关分数的计算问题。

假设学生数为 x，$x = \frac{x}{2} + \frac{x}{4} + \frac{x}{7} + 3$，可解得 $x = 28$

★ 毕达哥拉斯(公元前572年–公元前497年)，哲学家、数学家。他创办了"毕达哥拉斯学派"，后被人暗杀。

107. 神奇的数字表

想要猜对的秘诀很简单，只要看最下面一行的数字就可以了。例如，所设的数出现在右数第2、第3和第5列，那么这几列对应的最下面一行的数字分别是2、4、16，把它们相加得22，那么对方设定的数就是22。

如果对方设定的数是18，18位于表中右数第2、第5列，这两列对应的最下面一行的数字为2和16，两者之和18就是所设定的数。

那么，这个表是根据什么原理做出来的呢？

从1开始依次乘以2的数列，即1，2，4，8，16，32，…，所有的正整数都可以用这个数列的数项之和表示，这是个非常特殊的性质。比如，27＝16＋8＋2＋1。在表中的第一行从右边起写上 2^0，2^1，2^2，2^3，2^4，也就是1，2，4，8，16，将这些数字适当地加起来，可得1到31（＝2^5-1）的所有整数，用2的等比数列的性质，将1到31的数写在表中相应的列中，如27＝16＋8＋2＋1，那么27就记在最下面一行为16，8，2，1的各列中。这样，我们要猜设定的数时，只要把最下面一行的数加起来就可以了。

另外，2幂级数的这一性质还可以用来表示数字，将各数是否在各列中出现记为1或0，如27，在表中从右往左出现的情况为：第一列有，第二列有，第三列无，第四列有，第五列有，可按此法记为11011，而12则可记为01100，左边的0可以省略，12就可以表示为1100。这种表记数字的方式称为二进制表记法。

如果用这种方法来记，根本不用看表，只要将整数表示成2累乘的形式，将其幂出现的位置记下1（从0开始从右向左数），其他位置则记为0，如：

数字	二进制表记
2＝2^1	10
3＝2^1＋2^0	11
5＝2^2＋2^0	101
19＝2^4＋2^1＋2^0	10011
134＝2^7＋2^2＋2^1	10000110

二进制法多应用于计算机表示数字时，不论任何数字，只要用1和0就可以表示，而我们一般用的十进制法则需要用0，1，2，3，…，9等10个数字来表达。

108. 偶数的猜法

假定所设偶数为 $2n$，按照题中的顺序来计算：

$2n \times 3 = 6n$ $6n \div 2 = 3n$

$3n \times 3 = 9n$ $9n \div 9 = n$

将最后所得的数乘以 2，就可知设定的数 $2n$。偶数的情况我们已经探讨过了，现在我们再来探究一下一般数的规则，看一下奇数（设为 $2n+1$）的情况：

$(2n+1) \times 3 = 6n+3$

该数无法被 2 整除，所以要加上 1，变成 $6n+3+1 = 6n+4$，接着再往下计算：

$(6n+4) \div 2 = 3n+2$

$(3n+2) \times 3 = 9n+6$

$9n+6$ 除以 9，商为 n，余数为 6，把商乘以 2 再加上 1，就可得设定的数 $2n+1$。

109. 前题的进化版

任意整数都可以用 $4n$，$4n+1$，$4n+2$，$4n+3$ 其中一种形式来表示，其中 n 是 0，1，2，3 等数字。

首先用 $4n$ 的数来进行计算：

$4n \times 3 = 12n$ $12n \div 2 = 6n$ $6n \times 3 = 18n$

$18n \div 2 = 9n$ $9n \div 9 = n$ $4 \times n = 4n$

再用 $4n+1$ 来计算：

$(4n+1) \times 3 = 12n+3$ $(12n+3+1) \div 2 = 6n+2$

$(6n+2) \times 3 = 18n+6$ $(18n+6) \div 2 = 9n+3$

$9n+3$ 除以 9，商为 n，按规则可得设定的数 $4n+1$

用 $4n+2$ 来计算：

$(4n+2) \times 3 = 12n+6$ $(12n+6) \div 2 = 6n+3$

$(6n+3) \times 3 = 18n+9$ $(18n+9+1) \div 2 = 9n+5$

$9n+5$ 除以 9 得商为 n，n 乘以 4 再加上 2（不能被 2 整除的只有第二步），可得设定的数 $4n+2$。

最后是 $4n+3$ 的情况：

$(4n+3) \times 3 = 12n+9$ $(12n+9+1) \div 2 = 6n+5$

$(6n+5) \times 3 = 18n+15$ $(18n+15+1) \div 2 = 9n+8$

$9n+8$ 除以 9 得商为 n，按规则可得设定的数为 $4n+3$。

运用以上规则，可以算出任意设定的数。

111. 另一种变化

根据题 109 的答案，就能看出对于 $4n$ 形式的数字，计算的最终结果就是 $9n$，即 9 的倍数，所以 $9n$ 和数字的各个位数的数字和都必须能被 9 整除才行，也就是说，要猜的数字和其他知道的数字相加，必须是 9 的倍数，所以，如果已知的数字是 9 的倍数，那么要猜的数也得是 9 的倍数。同时，一开始就知道不能用 0。

而 $4n+1$ 这种形式的数字，最终计算结果为 $9n+3$，再加 6 就变成 9 的倍数，其各位数字的和也都是 9 的倍数。

再有 $4n+2$ 形式的数，最终计算结果为 $9n+5$，再加 4 就成为 9 的倍数，其各位数字的和也都是 9 的倍数。

最后是 $4n+3$ 形式的数，其计算结果为 $9n+8$，加上 1 就成 9 的倍数，其各位数字的和也都是 9 的倍数。

综上可知，本题中的规则是正确的。

112. 其他方式

对某一数字 n 进行一系列的运算，其结果为

$$n\frac{abc\cdots}{ghk\cdots}$$

对方设定的数也进行同样的运算，

$$p\frac{abc\cdots}{ghk\cdots}$$

将前者的结果除以 n，后者的结果除于 p，就能得到相同的数 $\dfrac{abc\cdots}{ghk\cdots}$，所以用 $\dfrac{abc\cdots}{ghk\cdots}$ $+n$ 减去 $\dfrac{abc\cdots}{ghk\cdots}$，就可得 n。

这类问题同样也可以变化，因为一方面，乘数和除数可以随意选择，另一方面，乘除的顺序不限，可以连乘几回再连除几回，也可以反过来，先连除几回再连乘几回，如果最后的结果比设定的数还大，那么就不用加而用减的方式。除此而外，还有其他很多的变化形式。

问：一个房间的四个角落各蹲了一条狗，每条狗前面能看到三条狗，每条狗的尾巴上又分别坐了一条狗。请问，房间里共有几条狗？

答：四条。

113. 猜几个数

Ⅰ. 假如设定的数为 a、b、c、d、e，按题目要求两两相加，和为 $a+b$，$b+c$，$c+d$，$d+e$，$e+a$，对方告诉你奇数位置上数的和就是 $a+b+c+d+e+a$，偶数位置的和是 $b+c+d+e$。

前者减去后者得 $2a$，除以 2 就得到第一个数 a，再用 $a+b$ 减去 a 就得 b，用同样的办法可依次求出 c、d、e。

Ⅱ. 假如设定的数为 a、b、c、d、e、f，对方告诉你 $a+b$，$b+c$，$c+d$，$d+e$，$e+f$，$f+b$ 的和，把除第一个以外的其他奇数位置的数相加，得 $c+d+e+f$，把偶数位置的数相加得 $b+c+d+e+f+b$。后者减去前者，得 $2b$，除以 2 就是设定的数字 b，接着就可以求出其他的数了。

这个问题还有其他的解决办法，下面列出其中一种：

假如设定的数有奇数个，把所有知道的和加起来，最后的结果除以 2，就可得所有设定数的和；假如设定的数有偶数个，那么把除第一个外的知道的和全部加起来，结果除以 2 就可得除第一个以外其他设定数的数字和。知道了设定数的和以后，再求出其他数就容易了。例如，设定数 2，3，4，5，6，两两相加，和得 5，7，9，11，8，把这些和加起来得 40，除以 2 得 20，就是设定数字的和。

设定的第二、三个数的和为 7，第四、五个数的和为 11，因此 20 －（7+11）=2，等于设定的第一个数，用同样的方式可以求得其他的数。

设定的数有偶数个时，也可以用同样的方式求出其中的一个数字。

假如对方设定的数有 3 个，那么就像之前那样，让对方告诉你每 2 个数字的和，如果设定的数有 4 个，那就让他告诉你每 3 个数字的和，如果设定数有 5 个，那就告诉你 4 个数字的和，换言之，就是让对方告诉你比设定数少 1 个的数字和。然后，要猜出所设定的数字，还必须遵守如下规则：

把你所知的所有和值加起来，然后除以比设定数字少 1 的数，商就是设定数的和，这样就能很容易地求出各个设定的数了。例如，设定 4 个数 3，5，6，8，那么每 3 个数的和为：

3+5+6=14

5+6+8=19

6+8+3=17

8+3+5=16

把这些和加起来得 66，除以 3（设定数个数－1），商为 22，这就是全部设定数的和。用 22 减去 14 得最后一个数 8，或者用 22 减去 19 得第一个数 3，同样的方法可以一一求出其他的数。懂得了这一原理，就可以很容易地证明它。

如果设定的数为偶数个的时候，把数字两两相加和，但是最后一个和不是设定的最后一个数加上的第一个数，而是设定的最后一个数加上第二个数，为什么呢？大家可以自己研究一下。

114. 无线索猜数

把设定的数假设为 n，进行计算后，可以用 $\dfrac{na+b}{c}$ 的形式来表示，即 $\dfrac{na}{c}+\dfrac{b}{c}$，用它减去 $\dfrac{na}{c}$ 显然剩下的就是 $\dfrac{b}{c}$。

115. 谁选了偶数

任何数乘以 2 之后的积都必然是个偶数，所以两个人之积的和是奇数还是偶数，要看另外一个积是奇数还是偶数。但是被乘数为奇数的话，其积是奇数还是偶数并不一定，如果另一个乘数是偶数，那么积就是偶数，如果为奇数，积就是奇数。所以此题只要凭两人之积的和来判断被乘数是奇数还是偶数即可。

116. 有关两数互质的问题

A、B 除了 1 之外没有其他公因数，a、c 也彼此互质，同时 A 能被 a 整除，按题目要求运算后可得 $Ac+Ba$ 或 $Aa+Bc$ 的和。显然，第一个和能被 a 整除，第二个和不能被 a 整除，所以，B 是否与 a 相乘，视对方进行乘法运算后，结果所加之和能否被 a 除尽即可知晓。

117. 猜猜有几个数

假如设定的数为 a，b，c，d，…，用其进行如下计算：

从第一、第二个数开始：

$(2a+5) \times 5 = 10a+25$

$10a+25+10 = 10a+35$

$10a+35+b = 10a+b+35$

接着乘以 10 后再加入第三个数：

$(10a+b+35) \times 10+c = 100a+10b+c+350$

乘以 10 后再加上第四个数：

$(100a+10b+c+350) \times 10+d = 1000a+100b+10c+d+3500$

以此类推。

很明显的，按照所设定数的个数，将计算结果分别减去 35，350，3500，…之后，剩下的每一位数从左到右分别表示所设定的数。

问：关于 0 的计算表面上看来很简单，但实际并非如此，请试着解答下列各题。

① 0×9 = ?

② 8×0 = ?

③ 0×0 = ?

④ 0÷7 = ?

⑤ 5÷0 = ?

⑥ 0÷0 = ?

答：① = 0，② = 0，③ = 0，④ = 0，⑤和⑥ 不成立。

④ 假设 0÷7 = x，7×x = 0，所以 x = 0

⑤假设 5÷0 = x，0×x = 5，但 0 乘以任何数都得 0，所以这个式子不成立。

⑥ 假设 0÷0 = x，0×x = 0，所以 x 可以为任何一个数，所以这个式子不成立。

第十章 更有趣的游戏

118. 用 3 个 5 表示 1

$$1=\sqrt[5]{\frac{5}{5}}=5^{5-5}$$

119. 用 3 个 5 表示 2

$$2=\frac{5+5}{5}$$

120. 用 3 个 5 表示 4

$$4=5-\frac{5}{5}$$

121. 用 3 个 5 表示 5

$$5=5+5-5=5\times\frac{5}{5}$$

122. 用 3 个 5 表示 0

$$0=5\times(5-5)=\frac{5-5}{5}=\sqrt[5]{5-5}=(5-5)^5$$

123. 用 5 个 3 表示 31

这问题比前面复杂许多，现在我们来解答。

$$31=3^3+3+\frac{3}{3},\quad 31=33-3+\frac{3}{3},\quad 31=33-\frac{3+3}{3}$$

124. 公交车票

$$100=5\times(-2+4)\times(1+2+7)$$

125. 谁先说出 100

想要赢得游戏，大家只需要说 89 就可以了。因为先说出 89，对方无论说不大于 10 的任何数，加上 89 之后，其和与 100 的差都不大于 10，这时你说出这个差，你就赢了。

但是，说"89"的道理何在呢？

首先，我们把100连续扣减11，得到89，78，67，56，45，34，23，12，1这样一个数列，反过来从小到大排列就是

1，12，23，34，45，56，67，78，89

这个数列很容易就能记下来，只要按照下面的方法来做，首先限定的最大数为10，加上1等于11，再用11乘以2，3，4，…，8，就得到11，22，33，44，55，66，77，88，把它们分别加上1，然后从1开始，就可以得到上面那个数列了。

于是你就会发现，当你说出1，对方无论说出任何一个不大于10的数，都无法阻止你说出12，同理也没法阻止你说出23，34，45，56，67，78及89。

而你只要说出"89"，无论对方说出任意一个不大于10的数，你都能轻易地说出"100"，那你就赢了。

从上面的分析可知，如果比赛双方都知道这个原理，那么游戏的胜负就取决于谁先说"1"，也就是说，先说出1的人赢。

126. 扩展问题

理解了题125的解答，就可以将其用在其他情况下。

假如设定一个数120，每次所叫的数和前面一样不大于10，在这种情况下，也是先叫的人赢。原因很简单，只要先叫的人抢先说到和数是10即可（即先叫的人第一次叫的时候直接叫10就会赢），然后再每次叫的数与之前对手叫的数之和等级于11就行，这样就能确保先叫的人能先叫到120。

如果设定的数100不变，但每次叫的数不是10而是8，那么在这种情况下，先叫的人赢只要先叫的人只要抢先说到和数是8即可（即先叫的人第一次叫的时候直接叫8就会赢），然后再每次叫的数与之前对手叫的数之和等级于9就行，这样也就能确保先叫的人先叫到100。

但是如果设定的数100不变，而每次叫的数不是10而是9，在这种情况下，假如双方都知道上述的规则的话，后先叫者的人将输，因为先叫的人无论叫任何数字，都无法阻止后叫的人叫出10，20，…，后叫者最后一定能先叫到100。

127. 每两支分一组

将火柴棒按顺序移动就可以了，如4移到1上面，7移到3上，5移到9，6移到2，8移到10；或者7移到10，4移到8，6移到2，1移到3，5移到9。

128. 每3支分一组

把排成一行的火柴棒都编上号，然后按下面的方法移动12次就可以了。2 移到 6，1 移到 6，8 移到 12，7 移到 12，9 移到 5，10 移到 5，4 移到 5 和 6 之间，3 移到 5 和 6 之间，11 移到 5 和 6 之间，13 移到 11，14 移到 11，15 移到 11。

129. 玩具金字塔

对圆盘进行从小到大编号为 1，2，3，…，7，8，移到过程见下表：

	A 棒	辅助棒	B 棒
移动前	1,2,3,4,5,6,7,8	—	—
第一次移动之后的情形	2,3,4,5,6,7,8	1	—
第二次移动之后的情形	3,4,5,6,7,8	1	2
第三次移动之后的情形	3,4,5,6,7,8	—	1, 2
第四次移动之后的情形	4,5,6,7,8	3	1, 2
第五次移动之后的情形	1,4,5,6,7,8	3	2
第六次移动之后的情形	1,4,5,6,7,8	2, 3	—
第七次移动之后的情形	4,5,6,7,8	1, 2, 3	—
第八次移动之后的情形	5,6,7,8	1, 2, 3	4
第九次移动之后的情形	5,6,7,8	2, 3	1, 4
第十次移动之后的情形	2,5,6,7,8	3	1, 4
第十一次移动之后的情形	1,2,5,6,7,8	3	4
第十二次移动之后的情形	1,2,5,6,7,8	—	3, 4
第十三次移动之后的情形	2,5,6,7,8	1	3, 4
第十四次移动之后的情形	5,6,7,8	1	2, 3, 4
第十五次移动之后的情形	5,6,7,8	—	1, 2, 3, 4

由此可知。当辅助棒空着时，能套进的只有奇数号码（1号、3号、5号、7号）的圆盘，当 B 棒空时，能套进的只有偶数号码的圆盘，所以，要移动 A 棒上面的 4 块圆盘，得先把上面的 3 块移到辅助棒上，从表中可以看到，得进行 7 次这样的移动才行，然后把 4 号圆盘移到 B 棒上，移动的次数又增加了一回，然后将 1 到 3 号圆盘由辅助棒移到 B 棒上去（此时，空出来的 A 棒担任辅助棒的角色），这也需要 7 次才能移完。

一般来说，根据条件要把 n 个圆盘按照大小顺序移到另一个圆柱上，首先得把 $n-1$ 的圆盘移到一个辅助的地方，然后再将 $n-1$ 的圆盘全部移到圆柱上。

移动所有圆盘所需要的次数，用罗马数字 II 加上各阶段的圆盘个数来表示，可得：

$$II_n = 2\,II_{n-1} + 1$$

n 为 1 时，依序代入即可得到

$$II_n = 2^{n-1} + 2^{n-2} + \cdots + 2^3 + 2^2 + 2^1 + 2^0$$

该等比数列的和为

$$II_n = 2^n - 1$$

所以，8 个圆盘的玩具金字塔，需要移动 $2^8 - 1$ 次圆盘，也就是 255 次才能到另一个圆柱上。

假设移动一回需要 1 秒钟，要把 8 个圆盘移过去需要 4 分钟，如果要把 64 个圆盘全部移完，则需要 18446744073709551615 秒钟，相当于 50 亿个世纪。

130. 有趣的火柴游戏

这个问题的答案和二进制有关，现在把 12、10 和 7 用二进制法来表示。

12 ~ 1100

10 ~ 1010

7 ~ 0111

这样就得到 3 个二进制的数字纵列，把它们右对齐，就会发现，除了右边第一列以外，其余各列都是两个 1，A 先取火柴，使各个位数没有两个 1 或者没有 1：

12 ~ 1100

10 ~ 1010

6 ~ 0110

接着轮到 B 取，B 会破坏这一性质，到 A 取时 A 又回复这一性质。继续玩下去，每次轮到 A 取，就把 B 所破坏的数字关系回复到原来的状态，即各纵列都有偶数个 1。

3 个正整数的组合都以二进制表示的时候，所有纵列都会有偶数个 1，这种情形我们称之为正规组，否则称之为非正规组。

正规组往往会被破坏成为非正规组，同时，所有非正规组也必然可以回复成正规组。因此，当某一位有奇数个 1 的时候，选择最左（最上位）和有 1 的位数，使其变小回复为正规组即可，要知道，很容易就能做到这一点。

当数组为非正规组的时候，先玩的人必然能赢得比赛，因此，他只需要在轮到自己的时候做正规组即可；反之，原本数组为正规组时（如 12，10，6 或 13，11，6），先玩的人一定输，这时只能期待对方走错一步，把正规组变成非正规组，否则必输无疑，掌握主动权的人最后获胜。

火柴棒的堆数如果在 4 个或 5 个以上，不论任何情形，轮到你时，把任何位数的 1 都变成偶数个，那你一定能赢。

数学漫画 ④

问：阿基米德为点、线、面做了定义，发表了 5 个定理和假设，请将适当的数字填入下面的横线上。

定理 1 与__物全等的__物必然全等。

定理 4 相互重合的__物全等。

假设 5 __直线与一直线相交，若同侧两个内角的和小于两直角，则__直线延长后必然相交于这侧的一点。

答：定理 1 一、两。

定理 4 两。

假设 5 两、两。

第十一章 骨牌游戏

132. 百发百中

问题的关键在于，在把骨牌扣在桌上时，将骨牌按如下顺序排列。

这个排列正好就是 0 到 12 的自然数的排列（如图 160）。

图 160

12、11、10、9、8、7、6、5、4、3、2、1、0，其点数从左向右依次减小，在其右侧的 10 张牌可以随意排列，然后你就到隔壁房间去。如果对方将右侧的牌移动几张（12 张以下）到左侧，你回来后翻开中间那张牌（也就是左数第 13 张牌），其点数就表示你离开后移动的骨牌张数。

理由不难理解，在你离开房间前，你已经知道中间的牌是（0，0），你离开后，如果从右边移动了 1 张牌到左边，那么中央的牌点数就变成了（0，1），如果移动了 2 张，中央牌的点数就变成 2 点，移动 3 张，中央牌就变成 3 点，不管移动几张骨牌，中央牌都会是相应的点数（但是需要注意，移动的张数不能超过 12 张）。

游戏还可以继续，你再次离开房间，让对方再从右向左移动骨牌，你一回来再翻开另一张骨牌，这次不是翻开中央那张了，而是中央靠右的牌，要按上次移动的张数，翻开中央靠右的那张牌就可以了。

133. 骨牌点数之和

所有骨牌的点数总和为 168，可以把 28 张骨牌的点数逐一相加就能证明。但是一一加和的方法又麻烦又无趣，现在我们来想个别的办法来证明。

假设骨牌有两副，一共 56 张，每两张一组形成 28 组，要求这两张骨牌的上半部分的点数和及下半部分的点数和都等于 6，例如（3，5）和（3，1），（6，4）和（0，2），（0，6）和（6，0），（3，3）和（3，3），显然每组的点数都是 12 点，所以两副牌的点数总和为 $28 \times 12 = 336$，那么一副骨牌的点数和就是 $\frac{336}{2} = 168$。

134. 骨牌的余兴游戏

假设可以做出这样的正方形，有三条与底边平行、并且将两侧的边分为四等份的直线，按照问题的条件，这些直线至少要和一张骨牌相交，可是每条直线的上方都有偶数个相当于骨牌面积一半的小正方形（分别是 4 个、8 个、12 个），所以每条直线各横切偶数张牌，也就是和 2 张以上的牌相交，3 条直线一共横切 6 张以上的骨牌。以同样的方式，现有 3 条四等分底边与侧边平行的直线，这 3 条直线也横切 6 张以上的骨牌。这样一来，正方形至少要有 12 张骨牌，这与问题条件不符，所以，8 张骨牌无法按问题的要求做出正方形。

135. 最大得分

不能做出这样的正方形。证明方式同上题，但是这里需要画 5 条平行线。

136. 用 8 张骨牌做成正方形

可以做出，图 161 即为其中一例。

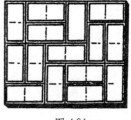

图 161

数学漫画 ④

1······1
2······10
3······11
4······100
5······101
6······110
7······111
8······1000
9······1001
10·····1010

11·····?
12·····?
13·····?
14·····?
15·····?
16·····?

问：计算机运算是采用二进制，与十进制对应时，从 1 到 10 的对应如左边的表，请补充 11 到 16 的二进制表示法。

答：如下所示：

11·····1011
12·····1100
13·····1101
14·····1110
15·····1111
16·····10000

二进制法是伟大的创造！

★ 二进制法之所以适用于计算机运算，是因为电子开关电路的 on 和 off 状态刚好对应 1 和 0，正好符合二进制的算法。

139. 改变排列方式

按照下面的顺序，从上往下，再从左往右，移动 24 次即可。

6 移到 5	2 移到 4	4 移到 6
4 移到 6	1 移到 2	2 移到 4
3 移到 4	3 移到 1	3 移到 2
5 移到 3	5 移到 3	5 移到 3
7 移到 5	7 移到 5	7 移到 5
8 移到 7	9 移到 7	6 移到 7
6 移到 8	8 移到 9	4 移到 6
4 移到 6	6 移到 8	5 移到 4

140. 四对棋子

最初的排列如图 162。

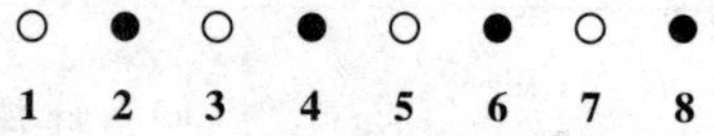

○ ● ○ ● ○ ● ○ ●
1 **2** **3** **4** **5** **6** **7** **8**

图 162

第一回移动是把 6 和 7 移到左侧的空白处，如图 163。

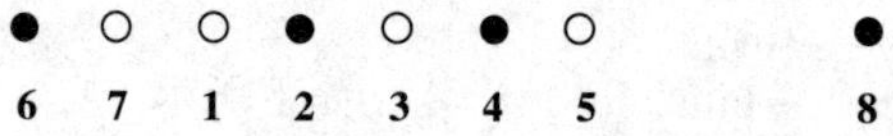

● ○ ○ ● ○ ● ○   ●
6 **7** **1** **2** **3** **4** **5**   **8**

图 163

第二回移动是把 3 和 4 移到现在的空格中，如图 164 所示。

● ○ ○ ●   ○ ○ ● ●
6 **7** **1** **2**   **5** **3** **4** **8**

图 164

第三回移动是把 7 和 1 移到刚才 3 和 4 的位置，如图 165 所示。

图 165

第四回移动是把 4 和 8 移到现在的空格中，这样就按题目要求，使 4 个黑棋在左，4 个白棋在右（如图 166）。

● ● ● ● ○ ○ ○ ○
6 4 8 2 7 1 5 3

图 166

如果反过来移动 4 回恢复成原样，就很困难了。

141. 五对棋子

最初的顺序如图 167 所示，图 168 表示之后的移动步骤。

○ ● ○ ● ○ ● ○ ● ○ ●
1 2 3 4 5 6 7 8 9 10

图 167

① ● ○ ○ ● ○ ● ○ ○ ●
  8 9 1 2 3 4 5 6 7   10

② ● ○ ○ ●   ○ ● ○ ● ●
  8 9 1 2   5 6 7 3 4 10

③ ● ○ ○ ● ● ○ ○   ● ●
  8 9 1 2 6 7 5   3 4 10

④ ●   ● ○ ● ○ ● ● ●
  8   2 6 7 5 9 1 3 4 10

⑤ ● ● ● ● ● ○ ○ ○ ○ ○
  8 4 10 2 6 7 5 9 1 3

图 168

参考答案

①将 8 和 9 移到左边的空格处。②将 3 和 4 移到现在的空格处。

③将 6 和 7 移到现在的空格处。④将 9 和 1 移到现在的空格处。

⑤将 4 和 10 移到现在的空格处。

142. 六对棋子

如图 169 所示的方式移动。

10	11	1	2	3	4	5	6	7	8	9		12
10	11	1	2	3	4	5	6			9	7	8	12
10	11	1		4	5	6	2	3	9	7	8	12	
10	11	1	6	2	4	5			3	9	7	8	12
10		6	2	4	5	11	1	3	9	7	8	12	
10	8	12	6	2	4	5	11	1	3	9	7		

图 169

143. 七对棋子

开始移动的 6 回如图 170 所示，最后第 7 回移动非常简单，大家自己也能做到。

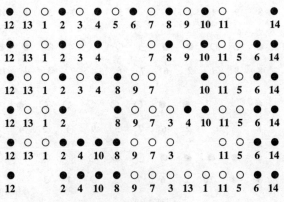

图 170

144. 在5条线上摆10个棋子

如图171所示。

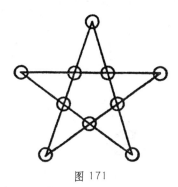

图 171

145. 有趣的排列

把棋子按图172所示排列。

图 172

为了方便解答，可以把24根火柴排成一列（如图173）。

图 173

反复从1数到7，把左数第7根、第14根、第21根火柴拿走，接着再从1数到7，这次从第21根后面的3根火柴开始数，这次第4根、第12根、第20根又被取走，如此反复，再取走第5根、第15根、第24根，接着是第10根和第22根，最后再取走第9根，这时还剩12根火柴，在空白位置上摆上黑棋，然后再取走火柴，在其空出来的地方摆上白棋，就可以得到题目要求的形状。

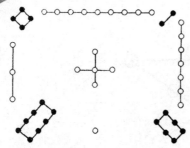

中间先填 5

	5	

问：上图是中国古代刻在龟背上的魔方阵原型，其对角线、各纵列、各横列的和均为 15。填入 1 至 9 的数字完成上表。

6	7	2
1	5	9
8	3	4

答：如图。

★自古魔方阵就被视为神秘的数列，常刻在铜板上作为护身符随身携带。但是自从知道了做法之后，其神力也就消失了。据称有人作成过 16 格 880 种的方阵。

146. 四位骑士

答案如图174。

图 174

147. 士兵与骑士

要使骑士把所有空格走一遍，需要移动63回，但是要注意到，骑士每移动一回，格子的颜色就会改变，所以移动63次后，意味着骑士会到达和出发点颜色不同的格子，可是问题又要求回到出发点，两相矛盾，可见，骑士无法按题目要求把所有空格走一遍。

棋盘上有奇数个其他棋子的情况，与本题完全类似，可用同样的方法解答。

148. 两个士兵与骑士

假设骑士可以按本题要求绕棋盘一周，在62个格子上标记如下，出发点格子编号1，其他格子则按照骑士移动的顺序分别编号2、3…，62。按题147所述，骑士每移动一回，格子的颜色就会改变，那么，编号为奇数的格子是一种颜色，编号为偶数的格子则为另一种颜色，所以棋盘上的空格应该有31个黑的，31个白的，但是，两个士兵放在两个颜色一样的格子里，这与题目又是矛盾的，所以，本题无解。

149. 骑士之旅

如图175所示，在中央的16个格子里填上字母 a、b、c、d、e、f 及数字0。假设将骑士通过的格子顺序排成一行，可得到由16个记号所形成的一串字符，骑士要从某一字母的格子移到另一个字母的格子时，必然会通过 0 的格子，所以在这串字符中，每两个不同的字母之间必然有一个 0。将相同字母并列的部分用一个字母来表示，那么，字符串中至少要有 6 个字母，同时这些字母都要被 0 隔开，但是 0 只有 4 个，不够隔开 6 个字母，这说明本题是没有答案的。

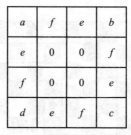

图 175

150. 独角仙

不论独角仙怎么走，都会有空格出现。把黑格里的独角仙称为黑独角仙，其他则称为白独角仙，那么，当每只独角仙都移到相邻格子里时，意味着黑独角仙都到白格里去了，但是，黑独角仙有 13 个，而白格只有 12 格，所以必然会有至少两个独角仙相遇在一个白格里，这个时候，有个格子是空的（因为格子数和独角仙的数目是相等的）。

格子数为奇数的正方形棋盘，答案一定是这样的，可以用题 **149** 那样的方法加以证明。

151. 整个棋盘上的独角仙

把独角仙挪到临近的格子里，把棋盘分解为同心的一系列正方形（如图 176），独角仙按顺时针方向，顺沿正方形边沿走到相邻的格子里，显然，独角仙可以填满每个格子。

152. 封闭路线的独角仙

图 177 表示通过所有格子的一条封闭曲线，独角仙沿这条线向一个方向前进，可以按问题的要求绕棋盘走一圈。

153. 士兵和骨牌

假设能做到，那么，偶数个格子应该会被骨牌盖住，因为一张骨牌可以覆盖两个格子，但是现在棋盘上的空格为 63 个，所以本题无解。

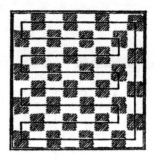

图 176　　　　　　　　　　　　图 177

154. 两个士兵和骨牌

一张骨牌放在棋盘上时，要覆盖一个黑格和一个白格，所以棋盘被全部覆盖后，应该是有相同数量的黑白格子。但是题目中，两个士兵被摆在同色的两个格子里，那么棋盘上剩余的黑格和白格数量是不相等的（整个棋盘有 32 个白格，32 个黑格），所以无法用骨牌全部覆盖。

155. 同样的两个士兵和骨牌

看图 177 的封闭曲线，如果士兵位于线上两个相邻的格子时，其余 62 个格子仍是一条连续的曲线，沿线排列骨牌，就可以把棋盘剩余的部分全部覆盖；如果士兵不在相邻的格子里，曲线就会被分成互不交叉的两个部分，在这种情况下，任何一个部分都会通过偶数个格子（因为士兵是在不同色的两个格子里），所以，可以被骨牌完全覆盖。综上所述，两个士兵放在不同色格子里，不论怎么摆，棋盘剩余部分都可以被骨牌完全覆盖。

156. 国际象棋和骨牌

在 32 个白格里各摆一个棋子，把白格全部占据以后，骨牌就一个也摆不上去了（如前所述，骨牌要覆盖黑白相邻的两个格子）。接着再来看 31 个棋子的情况，首先用 32 张骨牌把棋盘全部覆盖住（可以沿图 177 的封闭曲线来摆），然后在上面用任何方式摆这 31 个棋子，都至少有一张骨牌不会被摆上棋子。由此可见，最少需要 32 个棋子。

1	14	15	4
12	6	7	9
8	10	11	5
13	2	3	16

问：这是四阶魔方阵，请移动其中 4 个数字，使得纵、横、对角线的和均为 34。

1	15	14	4
12	6	7	9
8	10	11	5
13	3	2	16

答：将 14 和 15、2 和 3 位置互换即可。

第十四章 魔方阵

159. 填1至3的数字

如果在每个格里都填上2，这样的方阵肯定符合要求，但是在至少有一个奇数的情况下，问题就没那么简单了。

尝试几回后就会发现，在正方形的中心不能填1或3，现在我们来证明这一点。

假定已经按要求填入了所有的数字，那么，两条对角线和第二列的数加起来（这里正方形中心的数字被加了3次），从和中减去第一行和第三行的数，就会发现，其差等于正方形中心数的3倍。另一方面，因为对角线、横行、纵列的和都是6，所以其差必然等于6，所以正方形中心的数为2。

横行、对角线的数字和都要是6，3个数都得用到，不然就成了每个格子都是2了。所以，正方形至少有一个顶点的格子得是2，之后再填入其他的数就简单了（如图178）。后面的图是在第一个图的基础上，在对角线（2，2，2）之下，把各行、各列的数字交换一下而已。

1	3	2
3	2	1
2	1	3

3	1	2
1	2	3
2	3	1

2	1	3
3	2	1
1	3	2

2	3	1
1	2	3
3	1	2

图178

可以用简单的法子来记忆正方形的填法，首先如图179（*a*）那样把数字写好，然后把正方形以外的数分别填到反向相对的那个空格里，就可以得到正确的解法了，如图179（*b*）。

160. 填1至9的数字

如题 **159** 的解答，按照最后的解法来做。首先如图180（*a*）所示排列9个数字，然后再把正方形以外的数字填到反向相对的那个空格中，就可以得到正确的解法，如图180（*b*）。

参考答案

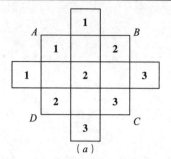
(a)

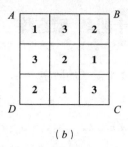
(b)

图 179

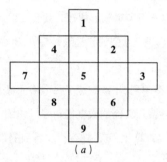
(a)

(b)

图 180

求解这类问题，也可以用对应数字的骨牌来做（如图 181）。

图 181

161. 填 1 至 25 的数字

同样用前面的方法来解答，如图 182 所示，在正方形边上各加 4 个格子，把 1 至 25 的数字填进去。

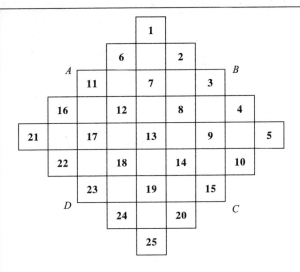

图 182

11	24	7	20	3
4	12	25	8	16
17	5	13	21	9
10	18	1	14	22
23	6	19	2	15

图 183

然后把正方形以外的所有数字，分别填入反向相对的空格中就得到图 183。

162. 填 1 至 16 的数字

运用前面讲到的方法，可知没法排出 16 格的魔方阵。但是，本题的答案有很多个。

这里我们不去研究这个问题的一般解法，只介绍两种答案（如图 184）。

161 和 162 两题所使用的简单解法，对于格子数为奇数的魔方阵非常有效，但是很遗憾，对于格子数为偶数的魔方阵就没那么容易了。

4	5	14	11
1	15	8	10
16	2	9	7
13	12	3	6

3	2	15	14
13	16	1	4
10	11	6	7
8	5	12	9

图 184

参考答案

```
                    1
                 1     1
              1     2     1
           1     3     3     1
    n    1     4     6     4     1
   列  1    5    10    10    5    1
      1    6    15   20   15    6    1
    1    7   21   35   35   21    7    1
  1    8   28   56   70   56   28    8    1
1    9   36   84  126  126  84   36    9    1
                  r 列
```

问：这种数字金字塔被称为帕斯卡三角形，其数字间有什么特殊的关系？

nCr

C 是 Combination（组合）的第一个字母。

```
                    1
                 1     1
              1     2     1
           1     3     3     1
        1     4     6     4     1
     1    5    10    10    5    1
    1    6    15   20   15    6    1
  1    7   21   35   35   21    7    1
 1    8   28   56   70   56   28    8    1
1   9   36   84  126  126  84   36   9    1
                  r 列
```

答：如图，上层任意相邻两数的和等于下层的数。

163. 四个字母

在第一条对角线的任一格中填入一个字母，那么第二条对角线就有2个格子不能填入该字母（因为它已经被横行或者纵列用过了）。在第二条对角线剩下的两个空格中填入一个字母，根据对角线上的两个字母，就很容易做出符合条件的填法（如图185）。如果将第一条对角线的字母位置固定的话，那么问题就有两个答案，但是，字母可以填在第一条对角线的任一空格里，所以问题有2×4=8个答案，再加上有4个不同的字母，可以有24种不同的填法，所以，总共有8×24=192种答案。

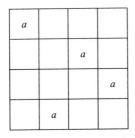

图 185

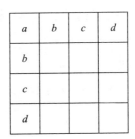

图 186

164. 十六个字母

按照题目的要求填入字母，然后将任意两行或两列互换，其填法也符合题目要求。如图186所示，在最上面一行和最左边一列填入字母。

这种填入方式称为基本配置，接着我们求出所有的基本配置。可以看出第二行填入a、c、d只有（c、d、a）（d、a、c）及（a、d、c）三种方式，这里面的前两个，在第三、第四行的填入方式只有一种，但最后一个却有两种方式，所以基本配置一共有四种，如图187所示。

a	b	c	d
b	c	d	a
c	d	a	b
d	a	b	c

a	b	c	d
b	d	a	c
c	a	d	b
d	c	b	a

a	b	c	d
b	a	d	c
c	d	a	b
d	c	b	a

a	b	c	d
b	a	d	c
c	d	b	a
d	c	a	b

图 187

将基本配置的各纵列互换，可以得到 24 种不同的填法，加上各纵列的填法还可以和第二、第三、第四行互换，又可以得到 6 种填法。显然，这些填法都各不相同，所以符合要求的填法一共有 4×24×6=576 种。

165. 十六个军官

为了方便说明，用 A、B、C、D 来表示军衔，用 1、2、3、4 表示部队，每个军官都可以用"文字和数字"的组合来代表，如（C，3）就表示第三部队的上尉。所以要解答这个问题，就要在正方形的 16 个格子里，填入字母 A、B、C、D 和数字 1、2、3、4 的组合，字母和数字不能重复，同时，字母和数字的组合也不能重复。

先把字母按图 188 那样填入正方形（具体解法参照题 164）。

接着再加上数字，将字母按军阶大小写上对应的数字（即 A 对应 1，B 对应 2，C 对应 3，D 对应 4），然后将各数转移到与对角线（ACDB）对称的格子里，就可以得到图 189 的解法。

A	B	C	D
D	C	B	A
B	A	D	C
C	D	A	B

图 188

(A,1)	(B,4)	(C,2)	(D,3)
(D,2)	(C,3)	(B,1)	(A,4)
(B,3)	(A,2)	(D,4)	(C,1)
(C,4)	(D,1)	(A,3)	(B,2)

图 189

166. 国际象棋比赛

在一个 16 格的正方形里，横行对应第一队的选手，纵列则对应第二队的选手。

然后在题 165 答案的基础上，把字母用相应的数字代替（A 换成 1，B 换成 2，C 换成 3，D 换成 4），就可得图 190 的组合。

接下来假定数组的第一个数字都表示两队的选手会在第几回合相遇。同时，第二个数字为奇数时，表示第一队的选手持白棋参赛，偶数时，表示持黑棋参赛。在第一个位置出现的数字，都在每行每列各出现一次，意味着选手会出场比赛，同时每个选手都会和对方进行一对一的比赛。

II I	1	2	3	4
1	(1,1)	(2,4)	(3,2)	(4,3)
2	(4,2)	(3,3)	(2,1)	(1,4)
3	(2,3)	(1,2)	(4,4)	(3,1)
4	(3,4)	(4,1)	(1,3)	(2,2)

图 190

为表示这个表格符合问题的条件，在每行每列里的数字组的第二个位置，都有 1，2，3，4 的数字，按照不同的顺序排列，每个选手都持白棋参赛 2 回、持黑棋参赛 2 回，加上数字组各不相同，所以属于同一回合的 4 个数字组，那么，在第二个位置的数字 1，2，3，4 都以相同的顺序排列，这意味着在此回合里，第一队的选手持白棋 2 回，持黑棋 2 回进行比赛。图 191 将比赛表格更清楚地显示出来，在此表中，第一队选手拿走的棋子颜色以颜色格子来表示，同时依靠数字表示各选手相遇的号码。

II I	1	2	3	4
1	1	2	3	4
2	4	3	2	1
3	2	1	4	3
4	3	4	1	2

图 191

下面来说明任意大小拉丁方阵的做法，用自然数来表示 $n \times n$ 的拉丁方阵的元素。

Ⅰ. 设 p 为质数，$n = p - 1$，将方阵的横行从上到下，纵列从左到右填入 1 到 n 的数，号码 a 的行和号码 b 的列所交叉的格子里写上 ab 除以 p 的余数，行与列的号码是无法被 p 除尽的正整数，所以写在格子里的数为 1，2…，n 中的一个。首先，要证明写在各行的数字各不相同，现在在号码 a 的行里，假定在号码 b、c 列的两个格子里写上相等的数字，那么，意味着数 ab 与 ac 除以 p 时，所得的余数相等，因此，这两数的差 $a(b-c)$ 能被 p 除尽，但因数 a 与 $b-c$ 都不为 0，而且绝对值小于 p，不能被 p 除尽，那么所得的余数应该不同。同理可证，拉丁方阵中每一列的数各不相同。各行各列各有 n 个格子，除以 p 时余数不为 0 的数为全部 n 个，所以，各行与各列各以 1，2，…，n 的顺序表示。

可根据此法做出 $p=5$ 的方阵，将 1，2，3，4 各以 a，b，c，d 来代替，可得图 187 第二个方阵。

Ⅱ. 假定 n 为任意自然数，k 和 n 之间没有任何公因数，k 为自然数，在号码 a 的行与号码 b 的列所交叉的格子里写上用 n 除以 $(ak+b)$ 的余数，假定号码 b 与 c 的两列，以及号码 a 的行所交叉的两个格子有相等的数字，那么其差为 $(ak+b)-(ak+c)=b-c$ 必须能被 n 除尽才行，可是 b 与 c 是 1 至 n 中互异的自然数，所以其差绝不会被 n 整除，同时，假定某列与号码 b 的两个格子有相同的数，假设对应这些行的号码为 u，v，其差为 $(uk+b)-(vk+b)=(u-v)k$ 必然被 n 整除才行，由于 k 与 n 之间没有任何公因数，因此 $(u-v)$ 必须被 n 除尽才行，但这是不可能的。

总之，排在每行每列的格子中的数字都各不相同，和前面的情形一般，意味着方阵的行与列各以 0，1，2，…，n 等数的顺序来表示。

$n=4$，$k=1$ 时，以这种方式所做的方阵，将 0，1，2，3 的数字各以 c，d，a，b 来代替，就形成如图 187 最初的方阵。

选择不同的 k 值，可用这种方式作出各种拉丁方阵。

接下来假定 n 为奇数的质数，k，1 则是从 0，1，…，$n-1$ 中所选出的不同的数，以前面的方式来做拉丁方阵，其组合的答案与题 **151** 相同。但在这种情形下，拥有不同值的 n 队的代表者会参与，假定将方阵的格子填满时，在两个不同的格子里出现相同的数字组，假设这些格各位于号码 a，u 的行与号码 b，v 的列上，两者之差为：

$$(ak+b)-(uk+v)=(a-u)k+b-v$$

$$(al+b)-(ul+v)=(a-u)l+b-v$$

都必须被 n 除尽，所以其差：

$$(a-u)\,k-(a-u)\,l=(a-u)\ (k-l)$$

应被 n 整除，但能满足此条件的只有 $a=u$ 的情形，结果 $(b-v)$ 应被 n 除尽，所以 $b=v$，意味着这些格子必须一致。

对于任意自然数 n 根据题 **165** 的答案得到的拉丁方阵，作为一队为 n 人时的循环赛的赛程表，如题 **166** 的解答方式，但有趣的是，$n=6$ 时循环赛的赛程表可以做出，可是题 **165** 却无法得到解答。

数学漫画 ④⑧

问：这是写在古埃及莎草纸上一道世界上最老的数学谜题。

7 户人家各养了 7 只猫，每只猫各抓 7 只老鼠，每只老鼠各咬 7 根麦穗，每根麦穗各有 7 颗麦粒。请问，人家、猫、老鼠、麦穗、麦粒的总和是多少？

★ 鼠害在现代并不可怕，但在古埃及却是相当严重的，这是一个关于日常生活的谜题。

答：19607。

$7+7^2+7^3+7^4+7^5$

$=7+49+343+2401+16807$

$=19607$

第十五章 找路的方法

167. 蜘蛛和苍蝇

乍一看，蜘蛛先沿着天花板的对角线 CE 走，然后沿墙角 EK 爬到苍蝇处即可，但仔细想想还可以走另一条路。

蜘蛛沿对角线 CF 走，然后沿 FK 爬到苍蝇处。同样，蜘蛛也可以沿 CA 及 AK 的线路走。

长方体的各部分都在对角线 CK 的中点形成对称，而路径 CDK 与 CBK、CGK 都与上面几条线路等长。

那么，其中哪条路最短呢？

其实，这三条路都不是最短的，还有更短的路，我们来一起找找看。

由于长方体的对称性，我们要寻找的路不需要经过 ABEK，因为如图 192 所示，KLC 的长度和 KMC 的长度相等，因此最短路径和边 EG、GF、FD、AD 之一相交，而 AD 与 EG 处于对称的位置，所以最短路径和 EG、GF 和 FD 相交。

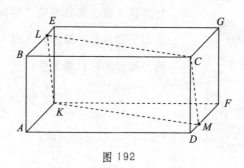

图 192

现在把房间的长方体展开成一平面，可得图 193 的图形。

现在蜘蛛在点 C，苍蝇在点 K，从图中可以清楚地看到开始找到的 CEK 和 CGK 并不是最短的路径，最短的路径是把点 C 和点 K 连成直线，这条线是和 EG 相交的所有路径中最短的一条。同样，KC_2 是和 FD 相交的所有路径中最短的一条（点 C_2 和长方体的顶点 C 相对应），比路径 C_2FK 更短。

要得到和 GF 相交的最短的路径，如图 194 所示，把房间展开成平面，就会发现 KC_3 是和边 GF 相交的所有路径中最短的一条。

现在就剩下一个问题，三条线路（KC，KC_2，KC_3）那条最短？

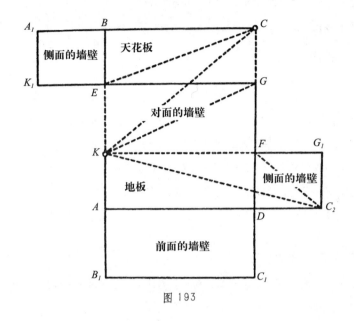

图 193

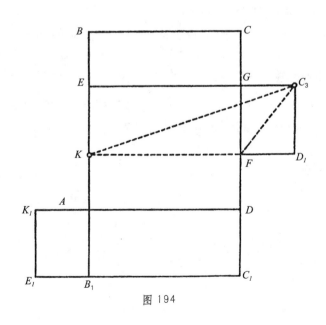

图 194

这与房间的长、宽、高有直接的关系。现在用 a 来表示宽 AD，用 b 来表示高 AB，用 c 来表示长 AK，从图 193 和图 194 中可得到如下等式：

$$|KC| = \sqrt{a^2 + (b+c)^2}$$

$$|KC_2| = \sqrt{(a+b)^2 + c^2}$$

$$|KC_3| = \sqrt{(a+c)^2 + b^2}$$

展开根号里面的式子，比较以后就会发现，只有 $2bc$、$2ab$ 和 $2ac$ 的项不同。把这三项除以 $2abc$，得 $\frac{1}{a}$，$\frac{1}{c}$，$\frac{1}{b}$，由此可知，如果 $a > b$，$a > c$，那么最短的路是 KC，如果 $c > a$，$c > b$，那么最短路径是 KC_2，如果 $b > a$，$b > c$，那么最短路径就为 KC_3。

也就是说，蜘蛛要走的最短路径是和边 EF、GF 和 FD 中最长边相交的那条路。

类似这种问题，不要乍看之下轻易下结论，实际上这类问题相当复杂。

169. 绕 15 座桥梁的情形

奇数区域只有 D 和 E 两个，其他地区都为偶数区域，对问题的条件做一个一般性的考察，就会发现问题有解。

想绕桥必须从奇数区域 D 或 E 出发，所以求出的路径为

EaFbBcFdAeFfCgAhCiDkAmEnApBqElD

与此相反的顺序也可以，大小写字母之间的小写字母表示应该走的桥。

170. 走私者之旅

要解答这个问题，调查得知芬兰、丹麦和邻国是奇数区域的国境，也就是说，它们都是奇数区域，其数量大于 2，所以走私者计划的路线是不存在的。

171. 一笔画

如图 195 所示。

图 195

172. 工作岗位

把每个工人和每台机器都用点写在纸上，那么可得 20 个不同的点，接着从表示工人的点向工人所用的机器的点画连接线，这样可以得到 20 个点和 20 条线所构成的网络，不管点是代表工人还是机器，每个点都可以画出两条线。

这样形成的网络可以分为几个部分，在一个部分中可以从各点沿线走到另一点，可是不同部分的点，其间没有连接的线。

每个部分的点都有偶数条连线，所以每个部分都能用一笔画完。用铅笔在网络上画箭头试试看，从网络的各点各延伸出一条线出来。

这表示从工人的点出发与使用的机器的点的连线，也就是符合题目要求的答案。

把题中的数字 10 改为 2 以上的任意一个整数，都可以用相同的解法来解答。

数学漫画 ㊾

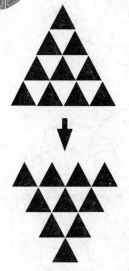

问：东汉时期有名的军师诸葛孔明，率精兵与司马仲达对阵，孔明一挥羽扇，军阵瞬时由上图变为下图。其实只移动了其中 3 骑而已，请问如何移动？

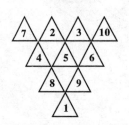

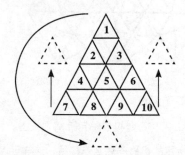

答：移动方式如图。